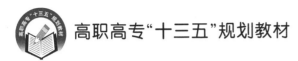 高职高专"十三五"规划教材

机电设备控制技术

主 编 高春 林君

副主编 雷大军

北京航空航天大学出版社

内 容 简 介

本书是为适应高职高专教育中机械制造及自动化、数控加工、机电一体化等专业教学的需求而编写的,从培养技术应用能力和加强素质教育出发,将机电设备控制中常见的技术以及应用进行介绍,使学生能够对机电设备控制在感性认知上有所收获。

全书共 7 章,第 1 章主要介绍了机电设备控制技术;第 2 章介绍了机床电气控制中常用电动机的控制技术;第 3、4 章比较详细地介绍了常用低压电器及其继电器-接触器基本控制电路;第 5 章介绍了典型设备的电气控制;第 6 章介绍了机电设备控制线路的设计;第 7 章介绍了机电设备电气故障诊断与维修,并且介绍了常用仪表的使用。

本书严格遵循“必需、够用”的原则,注重实用,突出基本概念,内容简明精炼,可供高等职业教育院校和高等专科教育院校机械制造及自动化、数控加工、机电一体化等专业学生使用,也可供普通高等院校师生及有关工程技术人员参考。

图书在版编目(CIP)数据

机电设备控制技术 / 高春,林君主编. ‐‐ 北京 :
北京航空航天大学出版社,2016.12
ISBN 978‐7‐5124‐2314‐5

Ⅰ.①机… Ⅱ.①高… ②林… Ⅲ.①机电设备—控
制系统—高等职业教育—教材 Ⅳ.①TP271

中国版本图书馆 CIP 数据核字(2016)第 284307 号

机电设备控制技术
主 编 高 春 林 君
副主编 雷大军
责任编辑 孙兴芳

*

北京航空航天大学出版社出版发行

北京市海淀区学院路 37 号(邮编 100191) http://www.buaapress.com.cn
发行部电话:(010)82317024 传真:(010)82328026
读者信箱:goodtextbook@126.com 邮购电话:(010)82316936
北京富资园科技发展有限公司印装 各地书店经销

*

开本:787×1 092 1/16 印张:10.5 字数:269 千字
2017 年 1 月第 1 版 2023 年 2 月第 2 次印刷 印数:2 001～3 000 册
ISBN 978‐7‐5124‐2314‐5 定价:24.00 元

前　言

机电设备控制技术在机电一体化、机电智能化发展过程中的地位举足轻重，可以说是机电一体化深化改进的核心环节。掌握机电设备控制技术，对于适应工业现代化发展的要求和促进先进制造技术在工业生产中的推广应用有着十分重要的意义。

本书为了满足高等职业教育的需求，根据高等职业教育的特点，对机电设备的电气控制技术进行了详细的讲解。本书的编写注重实用性，在编写顺序上力求知识的延续性，从电动机的控制技术到常用低压元器件的介绍，从电动机的基本控制线路到典型设备的电气控制，从普通仪表的使用基础到利用仪表对机电设备进行检修，旨在使高职学生具备从事机电设备操作、管理、维护与维修工作的专业能力，并且为其上岗后能适应科学技术的发展、不断获取日新月异的机电一体化制造技术奠定坚实的基础。

除专业知识外，本书每章后均配有复习思考题，用于巩固学习的内容，检验学习的效果。

本书由高春、林君任主编，雷大军任副主编。高春编写第1、2、7章并负责全书的统稿，林君编写第3章及4.1～4.4节，雷大军编写第5、6章，郭红霞编写4.5节，赵忠元编写附录A、B。

遵循高等职业教育教材"必需、实用"的原则，结合编者多年的教学实践经验，编写了本书。本书注重实用，突出基本概念，内容简明精炼，可供高等职业教育院校和高等专科教育院校机械制造及自动化、数控加工、机电一体化等专业学生使用，也可供普通高等院校师生及有关工程技术人员参考。

书中吸取了许多同仁所编教材的精华，在此谨致感谢。

因编者水平有限，书中难免会有错误和不足之处，敬请批评指正。

编　者
2016 年 9 月

目　　录

第1章 绪 论

1.1 机电设备控制技术概述

机电设备控制技术是将机械技术、电子技术、计算机技术、软件技术、控制技术、网络技术等相结合,从而使设备能够按照人们的意志进行生产或检测。

随着社会生产和科学技术的发展与进步,机电设备控制技术正在发生巨大的变化。生产设备的控制由过去的单机控制发展成为生产线系统控制,其发展的目标是机电一体化。近年来,机电设备控制技术在机械加工领域中引发了许多深刻的改革,在机械制造工业中,已不再是要求单机自动化,而是要求能够实现一条生产线、一个车间、一个工厂甚至更大规模的全盘自动化。因此,学习和掌握机电设备控制技术,不仅可为学习机电一体化技术打下坚实的基础,而且也是更好地应用高新技术改造传统产业的需要。

1.2 机电控制系统的组成

一个较完整的机电控制系统,包括的基本要素有:机械本体、动力源、传感装置、控制器、驱动执行机构等。各要素和环节之间通过接口相联系。机电控制系统的组成如图1-1所示。

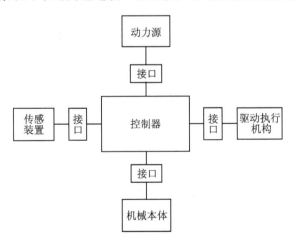

图1-1 机电控制系统的组成

1. 机械本体

机械本体是系统所有功能元素的机械支撑结构,包括机身、框架、机械连接等。例如,数控车床的机械本体部分就是车床的机械结构部分(床身、主轴箱、尾架等)。在大多数情况下,机械本体还承担了完成系统功能的重要工作,如机械手的机械运动、汽车的运动、生产线的运行等。

2．动力源

按照系统控制要求,动力源为系统提供能量和动力,使系统正常运行。动力源包括电力源、液压源、气压源等。数控车床的主动力主要来自于电能。

3．传感装置

对系统运行中所需要的本身和外界环境的各种参数及状态进行检测,变成可被控制器识别的信号,传输到信息处理单元,经过分析、处理后产生相应的控制信息,其功能一般由专门的传感器和仪表完成。例如,对数控车床刀具的位置状态用直线感应同步器进行检测,直线感应同步器就是传感装置。

4．控制器

控制器是所有机电控制系统的核心,它将来自各传感器的检测信息和外部输入命令进行集中、存储、分析和加工,信息处理结果按照一定的程序和节奏发出相应的指令,控制整个系统有目的地运行。控制器一般由计算机、可编程控制器(PLC)、数控装置以及逻辑电路等构成。例如,CNC(计算机数字控制)系统和 PLC 构成了数控车床的控制器部分。

5．驱动执行机构

根据控制信息和指令,驱动各种执行机构完成要求的动作和功能。执行机构的工作方式有:电动式、液压式和气动式 3 种。数控车床刀具的走刀运动就是利用伺服电动机驱动滚珠丝杠来完成的。

6．接　口

接口用于实现系统中各单元和环节之间进行物质、能量和信息的交换,使各组成要素连接成为一个有机的整体。接口包括人机接口、机电接口以及软件接口等。例如,数控车床中的 CRT 显示器、键盘、打印机等构成了人机接口部分。实际上,接口是一个非常宽泛的内容,它不仅出现在机电一体化系统中,而且出现在纯机械系统、纯电子系统和纯软件系统中。

1.3　机电控制系统的分类

在机电自动化系统的工作过程中,各执行机构应根据生产要求,以一定的顺序和规律运动。在自动化程度要求较高的系统中,这些运动的开始、顺序及结束常由控制系统保证。因此,系统的控制对保证工作质量、改善条件、提高生产效率、改善系统的动态性能和工作可靠性等起着重要的作用。

对于机械系统,一般控制的主要任务是:

① 使各执行机构按一定的顺序和规律运动;

② 改变各运动部件的运动方向和速度;

③ 使各运动部件之间协调一致动作,完成给定的作业循环要求;

④ 对产品进行检测、分类以及防止事故,对工作中出现的不正常现象及时报警并消除。

控制系统的基本构成如图 1-2 所示,它是由控制器、执行机构、被控对象及传感与检测装置所构成的整体。被控对象可以是一种过程(如化工生产过程)、一台机电设备(如机床)或整个生产企业(如自动化工厂),它由控制器进行控制并在执行机构的驱动下,按照预定的规律或目的运行。应用于不同被控对象的控制器在原理和结构上往往具有很大差异,因而所构成的控制系统也往往千差万别,可以根据不同的分类原则对机电控制系统进行分类。

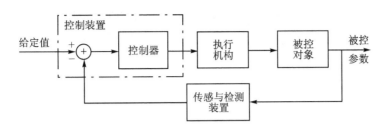

图 1－2 控制系统的基本构成

按照有无输出量的反馈,可以将机电控制系统分为开环式机电控制系统和闭环式机电控制系统。前者组成简单,但精度低;后者精度高,但构成比较复杂,是机电控制系统的主要形式。典型的实例为铣床工作台的控制,如图 1－3 所示。图 1－3(a)所示的开环控制是从指令

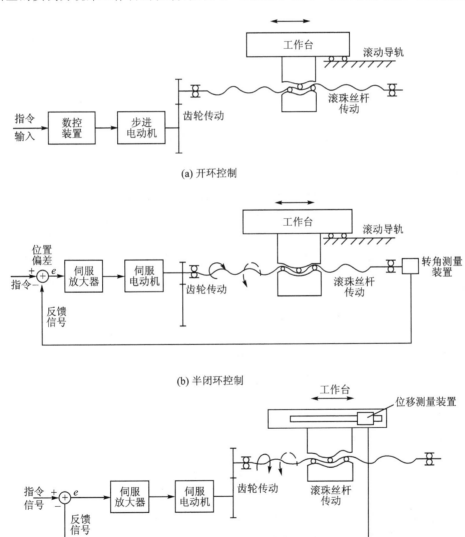

图 1－3 铣床工作台的控制

输入到位置输出的通道,没有测量位置的反馈信号。一般在机电一体化系统精度要求不高的情况下采用这种开环控制方式。图1-3(b)所示的半闭环控制和图1-3(c)所示的闭环控制中增加了位置检测装置,定位精度高。

按照系统中控制器工程实现方式的不同,可以将机电控制系统分为模拟式机电控制系统和数字式机电控制系统(或基于计算机控制的机电控制系统)。模拟式机电控制系统中的控制器一般是以运算放大器和分立元件为基本单元所构成的模拟电路。其优点是实时性好,构成简单,成本低,开发难度小;缺点是灵活性差,温漂大,不易实现复杂控制规律,不易监督系统异常状态等。数字式机电控制系统中的控制器一般采用微处理机(可以是PLC、单片机或工控微机等),并通过软件算法和接口电路实现。其优点是精度高,灵活性强,数据处理功能强,易于实现复杂控制算法,能够监督系统异常状态并及时处理等;其缺点是实现高精度和高响应时成本高,设计和开发一般需要专门的开发工具和环境,重现连续信号过程有信息丢失,采样保持器会产生滞后问题,设计方法复杂等。

按照系统中机电动力机构的不同,机电控制系统又可分为机械式、电气式和流体式(包括液压式和气压式)。

1.4　本课程的性质、任务和基本要求

“机电设备控制技术”是机械加工技术、机电一体化技术等专业的一门主干课程。本课程主要以机床电气控制为研究对象,介绍机床电气控制的基本原理、实际控制线路、常用电动机的控制技术及机床电气控制常见故障的排除方法;以控制元件的基本结构、作用、主要技术参数、应用范围、选用为基础,从应用角度出发,讲授上述几方面的内容,培养学生对设备控制系统进行日常维护与分析、排除常见故障及正确选用常用元器件的基本能力。

本课程的主要任务是使学生具备高素质机械加工操作者必备的机电设备控制技术基本知识和基本技能,为学生毕业后胜任工作岗位、适应职业变化和继续学习打下一定的基础。本课程是一门实用性很强的专业课,其目的是让学生掌握一门非常实用的工业控制技术,培养和提高学生的实际应用和动手能力。具体要求如下:

① 熟悉机电控制系统的组成及各组成元素的作用,了解机电控制系统的类型;
② 掌握常用低压控制电器元件的基本结构、工作原理、用途、图文符号及适用场合;
③ 熟悉电气控制线路的基本环节,熟悉典型生产设备的继电器-接触器控制系统的工作原理;
④ 理解机床电气控制常用电动机的控制技术;
⑤ 掌握阅读简单电气控制线路图的能力;
⑥ 掌握简单电气控制系统的设计方法;
⑦ 了解一般机电设备故障诊断与维修的方法。

复习思考题

1-1　机电控制系统的基本构成要素是什么?
1-2　机电控制的相关技术有哪些?
1-3　机电控制系统是如何分类的?各自的特点是什么?
1-4　机电控制技术的发展前景如何?

第2章 电动机控制技术

2.1 直流电动机驱动及其控制技术

2.1.1 直流电动机概述

直流电动机是一种将直流电能转换成机械能的电磁装置,其优点是调速性能好、启动转矩较大;缺点是制造工艺复杂、价格高、体积大、维护困难。在生产过程中,对于一些对调速性能和启动性能要求较高的机械,传统的三相异步电动机已无法满足该拖动要求,通常用直流电动机作为原动力。

1. 直流电动机的结构

直流电动机主要由静止的定子和旋转的转子组成,在定子和转子之间有一个很小的气隙。图2-1所示为直流电动机的结构图。

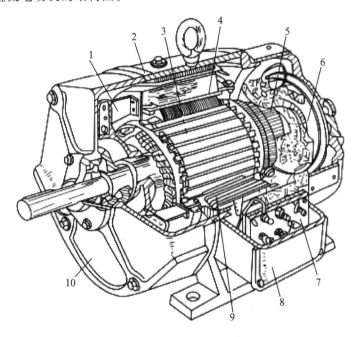

1—风扇;2—机座 3—电枢;4—主磁极;5—刷架;6—换向器;7—接线板;8—出线盒;9—换向磁极;10—端盖

图2-1 直流电动机的结构图

(1)定 子

直流电动机定子的作用是产生磁场和作为电动机机械支撑,它由主磁极、换向磁极、电刷装置、机座、端盖和轴承等组成。图2-2所示为直流电动机的定子。主磁极包括主磁极铁芯和套在上面的励磁绕组,其主要任务是产生主磁场;换向磁极的作用是产生附加磁场以改善电动机的换向性能,减少电刷与换向器之间的火花,使换向器不致烧坏;电刷装置由用石墨制成导电块的电刷、加压弹簧和刷盒等组成。

（2）转　子

直流电动机的转子又称为电枢,其作用是产生感应电动势,它由电枢铁芯、绕组、换向器等组成。图2-3所示为直流电动机的转子。电枢铁芯由硅钢片冲制叠压而成,在外圆上分布均匀的槽用来嵌放绕组,铁芯也作为电动机磁路的一部分;绕组是产生感应电动势或电磁转矩,实现能量转换的主要部件;换向器则由许多铜制换向片组成,外形呈圆柱形,片与片之间用云母绝缘。

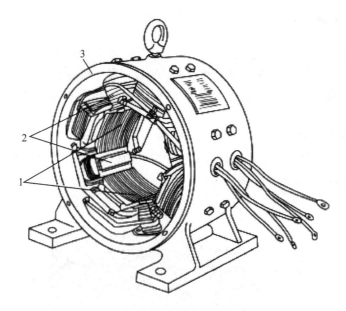

1—主磁极；2—换向磁极；3—机座

图2-2　直流电动机的定子

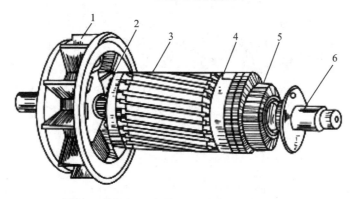

1—风扇；2—绕组 3—电枢铁芯；4—绑带；5—换向器；6—轴

图2-3　直流电动机的转子

2. 直流电动机的工作原理

任何电动机的工作原理都是建立在电磁力或电磁感应基础上的,直流电动机也是如此。

图2-4所示为有一个电枢绕组(线圈 AX)、两个换向片、两个电刷(B1、B2)的简单直流电

动机的工作原理图。电枢绕组的引出端 A、X 分别与两个换向片 1、2 相连,电刷与换向片接触,将电枢绕组与外电路相连。

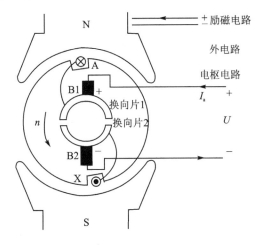

图 2－4　直流电动机的工作原理

将直流电源电压 U 加在电刷 B1 和 B2 的两端,电刷 B1 接电源正极,电刷 B2 接电源负极。转子处于图 2－4 所示的位置,直流电流 I_a 由电枢绕组 A 端流入,由 X 端流出。根据左手定则,N 极下方导体产生的电磁力的方向为逆时针,S 极上方导体产生的电磁力的方向也是逆时针,这两个电磁力产生逆时针的电磁转矩,转子将顺着逆时针方向开始旋转。当 A 导体到达 S 极上方、X 导体到达 N 极下方,即原来处于 N 极下方的导体运动到了 S 极上方、原来处于 S 极上方的导体运动到了 N 极下方时,由于换向片 1、2 跟随 AX 线圈一起转动,电刷不动,所以换向片 1 开始与电刷 B2 接触,使绕组 X 端接通外电路的正极。也就是说,在电动机内部,当 A 导体向下转到 S 极上方时,由于电刷和换向片的作用,电流变成"⊙",当 X 导体向上转到 N 极下方时电流变成"⊗",转子继续受到逆时针方向的作用力而连续运转。

以上分析说明,直流电动机通过电刷与换向器的配合,将外部的直流电流转换成绕组内部的交流电流,使得 N 极下方导体内的电流始终保持"⊗"方向,S 极上方导体内的电流始终保持"⊙"方向,转子始终获得逆时针方向的电磁转矩,从而实现连续运转。这就是直流电动机的工作原理。

改变电枢电流 I_a 或励磁电流的方向,可以改变直流电动机的旋转方向。

3. 直流电动机的励磁方式

直流电动机按其励磁绕组在电路中连接方式的不同,其励磁方式分为以下 4 种:

(1) 他励式直流电动机

这种直流电动机的励磁绕组与电枢绕组分别由两个直流电源供电,这种励磁绕组称为他励绕组,如图 2－5 所示。图 2－5 中的变阻器用来调节励磁电流的大小,励磁电流 I_f 仅取决于他励电源的电动势和励磁电路的总电阻,而不受电枢端电压的影响。

(2) 并励式直流电动机

并励式直流电动机的励磁绕组与电枢绕组并联,由同一直流电源供电,这种励磁绕组称为并励绕组,如图 2－6 所示。由图 2－6 可见,励磁电流不仅与励磁回路的电阻有关,而且还受电枢两端电压的影响,承受电枢两端的较高电压。为了减小励磁电流及损耗,接有变阻器调节

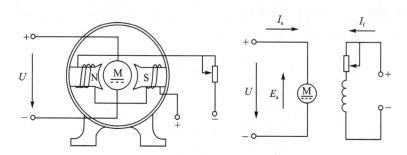

图 2-5　他励式直流电动机

电流 I_f。励磁绕组必须有较大的电阻,因此励磁绕组的匝数较多,且用较细的导线绕制。励磁电流虽小,但绕组匝数较多,因此仍能使磁极产生一定的磁通。并励式直流电动机的电流 $I = I_a + I_f$。

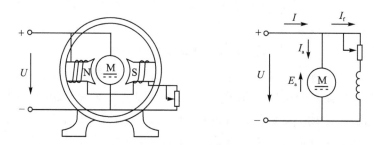

图 2-6　并励式直流电动机

（3）串励式直流电动机

串励式直流电动机的励磁绕组与电枢绕组串联,这种励磁绕组称为串励绕组,如图 2-7 所示。由于串励绕组电流较大,因此要求串励绕组应具有较小的电阻,为此所用导线要粗且匝数要少;由于流过的电流较大,所以磁极仍能产生一定的磁通。

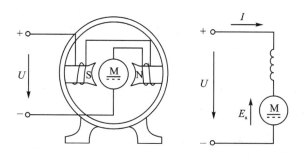

图 2-7　串励式直流电动机

（4）复励式直流电动机

复励式直流电动机的主磁极上有两个励磁绕组,一个同电枢绕组并联,另一个同电枢绕组串联,故名为复励式直流电动机,如图 2-8 所示。复励式直流电动机的主磁通是两个励磁绕组分别产生的磁通的叠加。

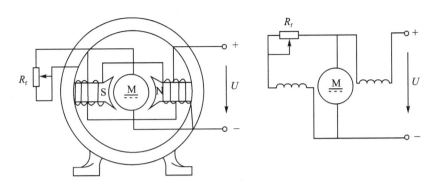

图 2 - 8 复励式直流电动机

2.1.2 直流电动机的驱动

1. 直流电动机的驱动元器件

（1）可控整流器

可控整流器是将固定电网上工频为 50 Hz 的交流电压转变成固定的或者可调的直流电压的变换器，其特点是无噪声、无磨损、响应快、效率高。如果受控的直流电压是直流电动机的电枢电压或者是励磁电压，则可方便地对直流电动机进行调速。现在已有统一规格的成套产品，广泛用在冶金、机械、造纸、纺织等行业中。

（2）斩波器

斩波器是将固定的直流电压变成可调的直流电压的变换器，它可使直流电动机的启动、调速以及制动平稳，操作灵活，维修方便，并且能够实现再生制动。其广泛用于城市电车、电力机车、铲车、电动汽车等车辆的调速传动上。

（3）晶闸管

晶闸管（SCR）是继晶体管以后出现的第一种大功率半导体器件，它的出现引发了现代机电传动技术的革命。

1）晶闸管的图形符号

晶闸管的外形及图形符号如图 2 - 9 所示，它有 3 个电极：阳极 A、阴极 K 和控制极（又称门极）G。当 A 接电源正极、K 接电源负极时，称晶闸管为正向偏置；当 A 接电源负极、K 接电

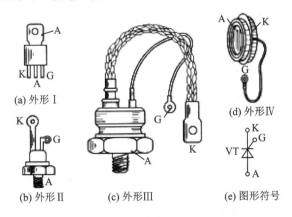

(a) 外形 I

(b) 外形 II

(c) 外形 III

(d) 外形 IV

(e) 图形符号

图 2 - 9 晶闸管的外形及图形符号

源正极时,称晶闸管为反向偏置。当控制极 G 接电源正极时,称晶闸管有正向控制电压,否则有反向控制电压。

2)晶闸管的工作特性

晶闸管具有可以控制的单向导电特性,当晶闸管正向偏置时,给以足够的控制电压(或电流)就可以使电流从阳极 A 流向阴极 K。控制极 G 加上适当正向电压的动作称为触发。一旦触发,晶闸管导通,控制极就失去了控制作用,只有让晶闸管重新反向偏置或者使流过的电流足够小,才能使晶闸管恢复阻断状态。

由此可知,晶闸管有 3 个工作特性:一是晶闸管具有正、反向阻断能力,起始时若控制极不加电压,则无论阳极加正向电压还是加反向电压,晶闸管均不导通;二是晶闸管导通的条件,只有晶闸管的阳极和控制极同时加正向电压时晶闸管才能导通;三是晶闸管导通后,其控制极就失去了控制作用,欲使晶闸管恢复阻断状态,则必须把阳极正向电压降到一定值(或断开,或反向)。

3)晶闸管的主要参数

晶闸管的主要参数如下:

① 额定电压:指晶闸管正、反向重复峰值电压,它是正、反向阻断状态能承受的最大电压,使用时取实际承受值的 2～3 倍为好。

② 额定电流:指晶闸管在规定的散热条件下,电流波形为正弦半波时允许通过的平均电流值,使用时取实际通过值的 1.5～2 倍。

③ 控制极触发电流和控制极触发电压:使晶闸管完全导通时所需的最小控制极电流称为控制极触发电流,此时的控制极对地的电压称为控制极触发电压。

④ 维持电流:指在室温下控制极断开时,晶闸管从较大通态电流降至刚好维持导通的最小阳极电流,一般为十几至一百多毫安。

2. 直流电动机的驱动电路

(1)可控整流电路

整流电路是将交流电能转换为直流电能的电路。可控整流电路的种类很多,有单相半波、全波、桥式整流,三相半波、全波、桥式整流。根据负载情况的不同,它们的定量分析也不同。

在不影响工程计算精度的前提下,通常在分析时假定晶闸管是理想元件,即导通时的压降和阻断时的漏电流都是可忽略不计的,且导通和阻断都在瞬间完成而没有任何延迟。

单相半波电路只使用一个晶闸管,接线简单,调整容易,但其输出电压的直流效果不好,已无实用价值。在小容量场合多数使用单相桥式可控整流电路;当负载容量超过 4 kW,或者要求直流电压的脉动较小时,一般采用三相整流电路。

(2)脉宽调制(PWM)技术

在许多场合,对电源会有一些特殊的要求,如:

① 在开关型直流电源中,要求保持输出电压的稳定,不随输入和负载的变化而变化;

② 在直流电动机调速中,要求输入的直流电压可以调节,这种要求在直流—直流变换器中也存在;

③ 在交流电动机调速中,要求交流电压和频率之比保持为一个常数;

④ 要求在输出波形中消除高次谐波。

这些要求通常都可以在逆变器中采用脉宽调制技术来实现。所谓逆变器,就是将直流电能转换为交流电能的电路。

脉宽调制技术实际上是给某些相同的电路提供不同的控制信号,产生不同的占空比。为了产生脉宽调制的控制信号,目前已有许多专用芯片,只要加上少量外围元件即能满足要求,这不仅简化了设计,而且增加了可靠性,降低了成本,应用越来越广。

脉宽调制技术的原理如图 2-10 所示。实际上,它就是晶闸管单相逆变器,在这种电路中只要提供不同的晶闸管控制信号,就可以达到不同要求的电压输出。这个电路由 a、b 两个桥臂组成,每个桥臂上有两个晶体管和两个反并联的二极管。它们的工作方式为:若一个晶闸管导通,则另一个晶闸管必须断开,同一桥臂上的两个晶闸管绝不能同时导通或同时断开。

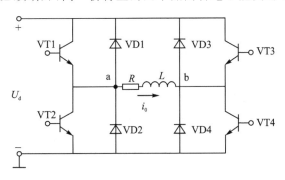

图 2-10　脉宽调制技术原理图

值得注意的是:只要每个桥臂上的两个晶体管不是同时关断,输出电流 i_0 就一定连续,因此由晶闸管的开关状态就可以唯一地确定输出电压。例如,a 点对地电压为 u_{a0},它可以由 VT1 的状态决定:当 VT1 导通时,若 i_0 为正,说明 i_0 流过负载;如果 i_0 为负,则将由 VD1 传导 i_0;无论 i_0 是正是负,a 点电压都和 U_d 相同。若 VT1 导通、VT2 关断,则 $u_{a0}=U_d$;类似地,若 VT1 关断、VT2 导通,则 $u_{a0}=0$。这表明 u_{a0} 只与 a 桥臂上晶闸管的状态有关。因此,在一个开关频率的时间周期 T 中,a 桥臂输出电压的平均值就只取决于输入电压 U_d 和 VT1 的占空比:

$$u_{a0} = (U_d t_{on} + 0 \times t_{off})/T = U_d \times VT1 \text{ 的占空比}$$

式中:t_{on} 和 t_{off} 分别表示 VT1 的通、断时间。

所谓占空比,是指在一串理想的脉冲序列(如方波)中,正脉冲的持续时间与脉冲总周期的比值 t_{on}/T。例如:脉冲宽度为 1 μs、信号周期为 4 μs 的脉冲序列占空比为 0.25。占空比越大,电路导通时间就越长,整机性能就越高。

同理,可以推导出 b 桥臂电压输出平均值为

$$u_{b0} = U_d \times VT3 \text{ 的占空比}$$

整个电路的输出电压平均值 $u_{ab}=u_{a0}-u_{b0}$,即整个电路的输出电压可以通过晶闸管的占空比来控制,而与负载电流的大小及方向无关。改变占空比即可改变输出电压,这就是脉宽调制的基本思路。

根据输出电压的不同要求,脉宽调制常用 3 种形式:

① 双极性 PWM:输出电压大小和极性可变。

② 单极性 PWM:输出电压大小可变。

③ 正弦型 PWM:输出电压近似为正弦波。

2.1.3 直流电动机的速度控制

电动机的速度控制又称为电动机的调速,是指在一定的负载下,根据生产工艺的要求,人为地改变电动机转速的操作过程。直流电动机由于具有调速性能好、启动和制动以及过载转矩大、便于控制、易于维护等特点,是许多高性能要求的生产机械的理想拖动电动机。尽管近几年交流电动机的控制取得了很大的进展,但直流电动机仍然在一定场合得到广泛应用。

1. 调速的必要性

调速是机械设备对电力拖动系统提出的重要要求。除一些如台钻、砂轮机等小型设备只需要启停控制外,大多数机械设备对其电力拖动系统的速度调节都有不同程度的要求。

① 由于工艺条件的需要,为了保证最经济、最安全的工作速度,机械设备对电力拖动系统提出了不同的转速要求。

② 在许多情况下,机械设备不仅需要调速,还要求速度稳定(稳速),因为电源电压的波动、加工余量的变化、工件材质的不均匀、摩擦力的变化等,必然会引起负载转矩的变化,从而引起速度的波动,它必然会影响产品的加工质量,甚至破坏电动机的正常工作,因此必须设法使电动机的转速尽量不随外界扰动而变化,能始终精确地保持在所需要的数值上。

生产实际要求速度控制系统既能调节速度又能稳定速度。速度控制对提高产品质量和劳动生产率有着十分重要的作用。

2. 速度调节的类型

常见的机械设备速度调节类型有如下 3 种:

(1)机械有级调速

在这种系统中,电动机转速不变,而是通过改变齿轮变速箱的变速比得到设备主轴的不同转速。这种机械变速不能保证最有利的运行速度,而且调速装置体积大,造价也高。

(2)电气和机械配合的有级调速

在这种系统中,大多采用多速异步电动机,再与齿轮变速箱的变速比相配合而获得不同的转速。这样既可减小设备变速箱的体积,又可得到较多的速度,不过多速电动机比单速电动机造价要高得多。

(3)电气无级调速

在这种系统中,机械设备执行机构所需的不同速度是通过直接改变电动机的转速实现的,传动系统中的齿轮变速箱改为减速器,从而使设备的传动系统变得很简单;同时电气无级调速系统的调速范围宽、控制灵活,可以实现远距离操作。现在许多机械设备的电力拖动系统均采用电气无级调速。

3. 调速性能的技术评价指标

(1)静态技术指标

静态技术指标主要有静差度、调速范围、调速的平滑性、调速的经济性等。

1)调速系统的静差度 S

静差度即转速变化率,是指电动机由理想空载到额定负载的转速降与理想空载转速的比值,如下所示:

$$S = \frac{n_0 - n_N}{n_0} = \frac{\Delta n_N}{n_0} \times 100\%$$

(2-1)

式中：n_0 为理想空载转速，n_N 为额定转速。

调速系统以静差度表示生产机械运行时转速稳定的程度，即要求静差度 S 应小于一定数值。不同的生产机械对静差度的要求不同，例如，普通设备 $S \leqslant 50\%$，普通机床 $S \leqslant 30\%$，龙门刨床 $S \leqslant 5\%$，冷轧机 $S \leqslant 2\%$，热轧机 $S \leqslant 0.2\% \sim 0.5\%$，而精度高的造纸机 $S \leqslant 0.1\%$。

电动机的机械特性越硬，静差度越小，转速的相对稳定性就越高。在一个调速系统中，如果在最低转速运行时能满足静差度的要求，则其他转速时必能满足静差度的要求。

2）调速范围 D

调速范围是指调速系统转速调节的最大范围，如下所示：

$$D = \frac{n_{\max}}{n_{\min}} \tag{2-2}$$

不同的生产机械要求的调速范围也不相同，例如静差度为一定值时，车床的调速范围 D 的取值范围为 $20 \sim 120$，龙门刨床的调速范围 D 的取值范围为 $20 \sim 40$，钻床的调速范围 D 的取值范围为 $2 \sim 12$，铣床的调速范围 D 的取值范围为 $20 \sim 30$，轧钢机的调速范围 D 的取值范围为 $3 \sim 15$，造纸机的调速范围 D 的取值范围为 $10 \sim 20$，机床进给机构的调速范围 D 的取值范围为 $5 \sim 30\,000$ 等。一般希望调速系统的 D 大一些好。

3）调速的平滑性

调速的平滑性通常是用两个相邻转速之比 ϕ 来表示，如下：

$$\phi = \frac{n_i}{n_{i-1}} \tag{2-3}$$

也就是说，用某一转速 n_i 与能调节到的最邻近的转速 n_{i-1} 之比来评价调速的平滑性。在一定的调速范围内可以得到的稳定运行转速级数越多，调速的平滑性就越高；若级数趋近于无穷大，即表示转速连续可调，称为无级调速（$\phi \approx 1$）。不同的生产机械对调速的平滑性要求也不同，有的采用有级调速即可，有的则要求无级调速。

4）调速的经济性

调速的经济性通常用调速的设备费用、能量消耗、维护及运转费用等来评价。

（2）动态技术指标

生产机械由电动机拖动，在调速过程中从一种稳定状态变化到另一种稳定状态要经过一段过渡过程，或称动态过程。调速系统的动态技术指标主要有最大超调量、过渡过程时间和振荡次数。

1）最大超调量 M_P

$$M_P = \frac{n_{\max} - n_2}{n_2} \times 100\%$$

式中：n_2 为稳定状态时直流电动机的转速。

超调量太大，则达不到生产工艺上的要求；超调量太小，会使过渡过程过于缓慢，不利于生产率的提高等。一般 M_P 为 $10\% \sim 35\%$。

2）过渡过程时间 t_p

从输入控制或扰动作用于系统开始，直到被调量 n 进入稳定值区间（n 波动区间为 $0.05 \sim 0.02$）时为止（并且以后不再越出这个范围）的一段时间，称为过渡过程时间。

3）振荡次数 N

在过渡过程时间内，被调量在其稳定值上下摆动的次数称为振荡次数 N。

4. 直流电动机的调速方法

图 2-11 所示为他励式直流电动机原理图,由电工学可知,稳态时可写出如下方程式:

$$U_d = E_d + I_d(R_a + R_s) \tag{2-4}$$

$$E_d = C_e \Phi n \tag{2-5}$$

$$T = C_m \Phi I_d \tag{2-6}$$

$$P_d = \frac{1}{9\,550} C_e T n \tag{2-7}$$

式中:C_e 为电动机电动势常数;C_m 为电动机转矩常数;Φ 为磁通;P_d 为电动机的输出功率,单位为 kW;R_a 为电枢电阻;R_s 为电枢回路外串电阻。

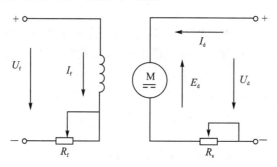

图 2-11 他励式直流电动机原理图

由式(2-4)~式(2-6)可求得直流电动机的机械特性方程为

$$n = \frac{U_d}{C_e T} - \frac{R_a + R_s}{C_e C_m \Phi^2} T = n_0 - \Delta n \tag{2-8}$$

于是,可以得出如下结论:

① 可以通过改变电枢回路外串电阻 R_s、电枢端电压 U_d、磁通 Φ 来调节直流电动机的速度。

② 直流电动机的速度与反电动势 E_d 成正比,与电枢端电压 U_d 成正比,与磁通 Φ 成反比。

③ 鉴于调速时必须维持电枢电流 I_d 恒定,当改变电枢端电压 U_d 且维持每极磁通 Φ 不变时,转矩不变,故调(电)压调速属于恒转矩调速。此时,电动机输出功率 P_d 与速度 n 成比例变化;由于受到电动机绝缘条件的限制,通常是在额定电压以下调速。

④ 若维持电枢端电压 U_d 不变而削弱每极磁通 Φ,则转速 n 上升、转矩 T 下降,而输出功率 P_d 可基本维持不变,所以弱磁调速属于恒功率调速。

在此基础上下面将讨论直流电动机的调速方法。

(1) 改变电枢电路电阻的调速

由图 2-11 和式(2-8)可知,保持电枢端电压 U_d 和磁通 Φ 恒定,通过在电枢电路中串联一个调速变阻器来改变电枢电路的电阻值,以此可以改变电枢电流 I_d 来实现调速。

串电阻调速有如下特点:

① 这种调速方法属于向下调速,只能在额定转速以下进行比较平滑的调节;

② 低速运行时稳定性差,此时稍增加负载,电动机转速将再次降低甚至可能停转;

③ 由于该调速方法的电枢电流较大,因此电枢回路外串电阻 R_s 耗能多,调速经济性差;

④ 调速时磁通 Φ 恒定,电动机允许通过的电流也是一定的,在转速变化下,电动机能输出

相同的转矩,故属于恒转矩调速。

这种调速方法缺点较多,但由于调速简便,可用于调速范围不大、调速时间短的场合,如用于超重和运输牵引等设备中。

(2) 改变电枢端电压的调速

通常所指的调压调速,就是保持磁通 Φ 和电枢电阻 R_a 不变,改变电枢端电压 U_d 来进行调速的方法。根据机械特性方程式可以看出,电压越低,理想空载转速 n_0 就越低,转速 n 也就越低。也就是说,在允许的静差率内可获得一系列低于额定转速的稳定速度,即可向下调速。

调压调速有如下特点:

① 无论高速还是低速,其机械特性都较硬,负载变化时的速度稳定性好;

② 电源电压能够平滑调节,可实现无级调速,且调速平滑性好;

③ 在恒定励磁条件下,电枢电流与电枢端电压无关,即 U_d 变化时 I_d 不变;

④ 调压调速属于恒转矩调速。

调压调速需要一套调压设备,主要用于调速性能要求比较高的生产机械上,如机床、轧钢机、造纸机等。

(3) 改变励磁磁通的调速方法

改变励磁磁通的调速方法又称弱磁调速,是指保持电枢端电压 U_d 和电枢电阻 R_a 不变,使磁通减小来调节速度的方法。由于一般的电动机 Φ_N 的设计已使铁芯接近饱和,因此 Φ 只能在减小的方向调节,故称为弱磁调速。

弱磁调速有如下特点:

① 弱磁调速因 Φ 只能减小,因此速度只能调高不能调低,但转速的升高受电动机换向能力和强度的限制,故调速范围小;

② 机械特性变软,负载变化时速度稳定性变差;

③ 由于在电流较小的励磁回路中进行调节,因而控制方便,能量消耗小,调速平滑;

④ 弱磁调速属于恒功率调速,电动机长期输出其额定功率,而输出的转矩随转速升高而降低,该性质正好满足恒功率负载的要求。

5. 直流电动机的调速系统

(1) 直流电动机的开环调速系统

当生产机械对调速性能要求不高时,可以采用不设反馈环节的开环调速系统。直流电动机的电源除了用直流发电机以外,现在广泛使用晶闸管整流电路。直流电动机的开环调速系统框图如图 2-12 所示,图中电动机驱动的主回路由晶闸管脉冲触发器 BPF、晶闸管变流器 UR(所谓变流器,是指使电源系统的电压、频率、相数和其他电量或特性发生改变的电器设备,包括整流器、逆变器等)、滤波电抗器 L 和直流电动机组成。控制回路则由参考电压 U_g 可变的触发电路组成。

图 2-12 中的滤波电抗器 L 可以减少晶闸管整流电压的交流分量,起到滤波作用,并使主电路电流波形连续。改变给定电压 U_g,就可改变触发电路的控制电压 U_k、控制角 α 和 U_d,从而实现调压调速。此外,一定的 U_g 对应着一定的转速 n,转速 n 为输出量或被控量。显然,此系统只有输入量对输出量的控制作用,而没有输出量再反馈回来影响输入量的能力,所以它是开环控制系统。

由此可见,开环系统的特点是在每一规定转速下,给定电压是一个固定值。这样当电动机

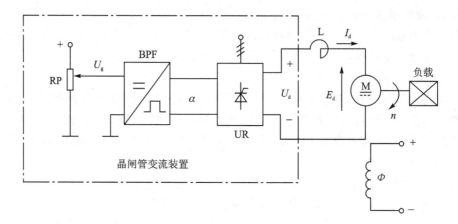

图 2 - 12 直流电动机开环调速系统示意图

负载增加时,主电路的电流 I_d 必然造成电压降,从而使电动机的转速随之下降,其机械特性变软,稳定性能变差,故得不到大的调速范围,只能用于精度要求不高的场合。

（2）单闭环有静差直流调速系统

由于机床在加工过程中,不但要求调速系统能够调速,而且能够稳定速度,即能尽快消除扰动引起的转速波动,以保证加工表面粗糙度和精度;同时还要求调速系统具有足够的动态稳定性和快速性,使启动、制动、调速过程平稳迅速,而对此开环控制已无能为力,所以必须采用负反馈自动调速系统,即采用闭环速度控制方式。

图 2 - 13 所示为具有转速负反馈的闭环控制系统。

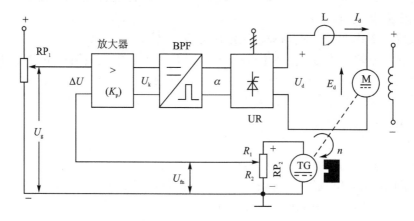

图 2 - 13 具有转速负反馈的闭环控制系统

1）电路的构成

将输出量再引回到输入端,作为输入量的一部分,即构成闭环系统。图 2 - 13 中的输出量为转速 n,通常是把一个测速发电机接到电动机的输出轴上,测速发电机的输出就提供一个代表这个电动机实际转速的电压信号,再将这个电压信号送回到系统的输入端与给定值进行比较,从而使系统输出量趋近于给定量,达到其稳速的目的。此即速度负反馈控制系统。

2）工作原理

由图 2 - 13 可以看出,电位器 RP_1 给出给定电压 U_g,测速发电机输出反馈电压 U_{fn},两者

之差 $\Delta U = U_g - U_{fn}$ 送入放大触发电路;电路在输入信号 ΔU 的作用下,产生控制角为 α 的触发脉冲去触发可控整流器,从而控制 U_d 的大小;再由 U_d 向直流电动机供电,产生相应的转速 n 带动负载运转,并同时带动与其同轴相连的测速发电机 TG 旋转,产生发电机电枢电动势:

$$E_{cf} = C_{ef}\Phi_{ef}n \qquad (2-9)$$

式中: C_{ef} 为测速发电机电动势常数; Φ_{ef} 为测速发电机的励磁磁通。

而反馈电压为

$$U_{fn} = \frac{E_{cf}R_2}{R_1 + R_2} \qquad (2-10)$$

因为 $E_{cf} \propto n$,所以反馈电压 U_{fn} 也与转速成正比。其稳定过程如下:

若给定电压 U_g 不变,当负载转矩 T_C 变化时,即

$$T_C \uparrow \rightarrow n \downarrow \rightarrow U_{fn} \downarrow \rightarrow \Delta U \uparrow \rightarrow \alpha \downarrow \rightarrow U_d \uparrow \rightarrow n \uparrow \qquad (回升)$$

这说明,当负载增加引起转速 n 下降时,通过负反馈后,系统又将转速拉回到原来的值,以维持转速基本不变。

同理,负载减小时也有同样的调整过程。由此看出,该系统能够达到稳速效果。

具有速度负反馈的控制系统有以下特点:

① $\Delta U = U_g - U_{fn}$,即该系统是根据给定量 U_g 与反馈量 U_{fn} 之差来改变整流输出电压,以维持转速近似不变的。没有误差就不可能调节,因而它是有差调节,该系统也就称为有静差调速系统。

② 系统的开环放大倍数越大,调节的静差精度就越高。也就是说,只要保持系统的开环放大倍数足够大,就可以基本上保持速度恒定。

③ 提高系统的开环放大倍数是减小转速下降、扩大调速范围的有效措施,但放大倍数受系统稳定性的限制,不可能无限大,因此它最终还是不能消除误差。也就是说,速度不可能调到和给定值相等,如果要最终消除误差,一般都采用 PI 调节器。

3) 闭环速度控制系统的电流控制

上述分析表明,闭环速度控制是利用转速误差来限制电动机的端电压,以达到稳定转速的目的,因此它只能限制转速而不能限制电流。但在生产过程中电动机需要经常启动、制动,有些生产机械的电动机还时常遇到堵转状态(如挖土机等),此时电流都会很大,过大的电流冲击可能使电动机、晶闸管等设备烧坏,为此对电动机的冲击电流必须加以限制。

众所周知,在闭环(反馈)系统中,在恒定值给定的情况下,欲维持某个物理量基本不变,只要引入该量的负反馈控制即可实现。显然要限制电流不超过其允许值,只能引入电流负反馈环节,以保证电动机和晶闸管元件的安全运行。图 2-14 所示即为将电流负反馈环节加入到转速负反馈调速系统中的原理图。

在调节器的输入端引入一个与负载电流 I_d 成正比的负反馈电压 $U_{fi} = I_d R_1$,调节器输入信号 $\Delta U = U_g - U_{fn} - U_{fi}$。当电流增大时,由于电流负反馈信号 U_{fi} 的增大使 ΔU 随之减小,使晶闸管整流电压 U_d 也跟着下降,从而限制了主电路过大的冲击电流。

4) 带有截止环节的电流负反馈

电流负反馈转速闭环控制系统由于电流负反馈的作用,将使转速降大大增加,系统静态特性变得很软,所以不能满足一般调速系统的需要。那么如何使它既能限流又能满足一般调速需要呢? 解决的办法就是引入电流截止负反馈装置。

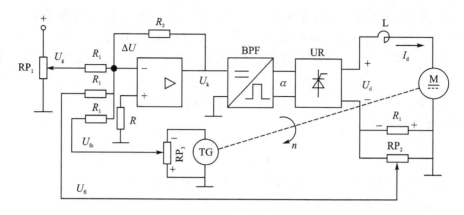

图 2 - 14　电流负反馈转速闭环控制系统

图 2 - 15 所示为带电流截止环节的转速反馈调速系统,此电路在电流负反馈电路中加入一个比较电压 U_b 和串入一个二极管 D,组成电流负反馈截止环节。它的原理是:当电动机电流在允许值以内时,电流负反馈不起作用,系统的运行特性完全与只有转速负反馈时的运行特性一样,当电流超过某一值时,电流负反馈便立即投入工作。

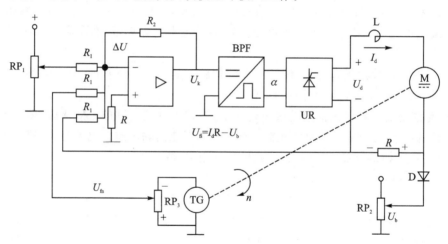

图 2 - 15　带电流截止负反馈的调速系统

电流截止负反馈电压 I_dR 与负载电流成正比;U_b 是比较电压,由另一个电源产生。U_b 和二极管 D 决定了产生电流截止负反馈的条件。当 I_d 不大且 $I_dR \leqslant U_b$ 时,二极管 D 截止,电流负反馈不起作用,对放大电路没有影响。当 I_d 大到使 $I_dR > U_b(I_dR - U_b > 0)$ 时,通过二极管以并联负反馈的形式加入到放大触发电路的输入端,减弱 ΔU 的作用,降低 U_d,从而减小 I_d。

在电动机启动、制动过程中,电流截止负反馈既能起到限制电流的作用,又能保证具有允许的最大启动和制动转矩,并能缩短启动、制动过渡过程,因此各种调速电路几乎都采用电流截止负反馈环节。

(3)单闭环无静差直流调速系统

闭环速度控制系统的速度不能调到和给定值相等,即存在静差,如果要最终消除误差,一般要采用 PI 调节器。所谓 PI 调节器,就是比例积分器。图 2 - 16 所示即为带有 PI 调节器的调速系统。该系统与有静差调速系统在结构上的区别只是用比例积分器代替了放大器。比例积分器的作用是维持速度的恒定,使系统变为无静差系统,因此也叫作速度调节器 ST。

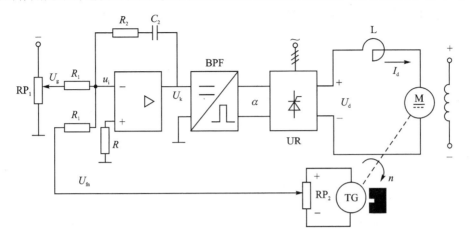

图 2-16 带有 PI 调节器的调节系统

(4)直流电动机的转速、电流双闭环调速系统

1)系统的构成

在单闭环调速系统中采用了带有 PI 调节器的转速负反馈无静差调速系统,如图 2-15 所示。但在实际生产中,电动机有时会突然增加或减少负载,要减小负载突变时的转速变化,特别是缩短电动机频繁启动、制动的时间,则要求启动、制动电流要大,电磁转矩也要大,以加快启动、制动过程,这一点单闭环调速系统是难以胜任的。而上述电流负反馈和电流截止负反馈环节可以实现对启动、制动电流的这一要求,对这两种系统加以改进,注意,不是将电流负反馈和速度负反馈加到同一输入端,而是对电流负反馈单独控制,将电流负反馈和一个 PI 调节器组成第二个闭环(也叫电流环),通过对电流负反馈的整定,在电动机的启动、制动过程中,电流截止负反馈既能启动限制电流的作用,又能保证具有允许的最大电流,缩短启动、制动过程的时间,这样就构成了转速、电流双闭环调速系统,如图 2-17 所示。

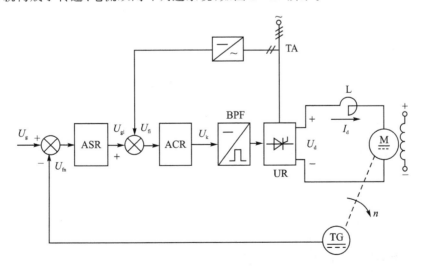

图 2-17 转速、电流双闭环调速系统

在转速、电流双闭环调速系统中,转速调节器 ASR 和电流调节器 ACR 分别调节转速和电流,二者之间进行串接。电动机的转速由给定电压 U_g 决定,它与速度反馈电压 U_{fn} 都是速度调节器的输入信号,而 ASR 的输出电压 U_{gi} 当作电流调节器 ACR 的给定信号,与电流反馈信号 U_{fi} 一起输入到 ACR,再用电流调节器的输出电压 U_k 去控制晶闸管的触发装置 BPF,使变流器 UR 输出直流电压 U_d,让电动机在给定电压下运行。从闭环结构上看,电流调节器在里面称为内环,转速调节器在外边称为外环,这就形成了转速、电流双闭环调速系统。

2) 电动机的启动过程

电动机启动时突然对给定电压 U_{gn} 加速,因为转速从 0 上升,转速反馈电压 U_{fn} 很小($U_{gn} \geqslant U_{fn}$),所以转速调节器的输出很快到达饱和限幅值 U_{gim},使电流调节器的输出电压 U_k 迅速上升,晶闸管整流电压 U_d、电枢电流 I_d 也很快升高,直到电流升到设计的最大值 I_{dm} 为止,这时电流负反馈电压 U_{fi} 与给定电压 U_{gi} 平衡,即 $U_{fi} = U_{gi}$。由于 PI 调节器的作用,输出为 I_{dm},显然电流环是不饱和的。因为电流大,电磁转矩也大,所以电动机加速启动。在加速启动过程中,转速环一直处于饱和状态,相当于开环,直到电动机转速上升到给定值,使 $U_{fn} = U_{gn}$,两者平衡,输入偏差为 0。同样,PI 调节器使其输出仍为 U_{gim},电动机仍在最大电流 I_{dm} 下加速,直到转速上升到超过给定转速(超调),转速反馈电压 U_{fn} 大于给定电压 U_{gn} 时,才使转速调节器退出饱和,此时 U_{gi} 下降,I_d 也下降,直到 I_d 小于负载电流 I_L,电动机才能在负载作用下减速,直到稳定。此时两个调节器都起调节作用。

3) 电动机负载变化时双环的调节作用

当负载电流由 I_{L1} 增加到 I_{L2} 时,转速 n 只有短暂和较小的变化,即转速降较小,很快又恢复到稳定转速。当负载电流由 I_{L1} 增加到 I_{L2} 时,转速 n 有所下降,则 U_{fn} 也下降,而 ΔU 上升,使得转速调节器的输出 U_{gi} 上升,电流调节器的输出 U_k 上升,转速又很快回到 n_{gd}。

由于转速、电流双闭环调速系统具有良好的稳态和动态性能,结构简单,调速方便,启动、制动快,抗干扰能力强,所以转速、电流双闭环调速系统获得了广泛应用。

2.2 交流电动机驱动及其控制技术

交流传动与控制系统是指采用交流电动机作为原动机的工作机械——电动机系统的总称。交流电动机有同步电动机与异步电动机两大类,交流调速系统主要是针对异步电动机而言,它是交流传动与控制系统的一个重要组成部分。

2.2.1 交流调速的方案

由电工学可知,异步电动机的转速公式为

$$n = (1-s)n_0 = (1-s) \frac{60 f_1}{P} \qquad (2-11)$$

式中:f_1 为供电电源频率;s 为转差率;P 为极对数。

因此,异步电动机有 3 种基本调速方法:

① 变极调速:改变定子极对数 P 调速。

② 变频调速:改变供电电源的频率 f_1 调速。

③ 变转差率调速:可通过改变电动机的定子电压、转子电阻、转差电压等参数来改变转差

率 s 调速。变转差率调速又可分为:改变定子电压的调压调速、绕线转子电动机转子绕组串电阻调速、绕线转子电动机转子绕组串电动势的串级调速以及鼠笼式电动机加电磁转差离合器的电磁转差离合器调速。

此处异步电动机无换向器电动机调速系统及矢量变换控制系统。

异步电动机的电磁转矩表达式为

$$T \approx K \frac{sR_2 U_1^2}{R_2^2 + (sX_{20})^2} \qquad (2-12)$$

式中:K 为结构系数;R_2 为转子电阻;U_1 为定子相电压;X_{20} 为转子漏电感的感抗。

由此可知,异步电动机的转矩与定子相电压的平方成正比,因而改变异步电动机的定子相电压即能改变电动机的转矩及其机械特性,也可实现调速,此即所谓的调压调速。

2.2.2　晶闸管交流调压调速系统

晶闸管交流调压调速系统是在晶闸管这一"交流开关"元件广泛采用之后设计的一种交流调速系统。利用晶闸管交流调压电路控制三相异步电动机的转速,装置简单、可靠、体积小、价格低廉、维护方便,借助速度负反馈构成闭环系统可以获得较宽的调速范围,因此广泛应用在电梯、通风机、卷扬机、起重机以及泵类负载等低速运行时间短的机械中。

晶闸管交流调压电路的原理方框图如图 2-18 所示。

图 2-18　晶闸管交流调压电路原理图

① 整流电路采用桥式整流,将 220 V、50 Hz 的交流电压变为脉动直流电。

② 抗干扰电路为普通电源抗干扰电路。

③ 晶闸管控制电路由晶闸管和降压电阻组成。

④ 张弛振荡器由单结晶体管和电阻组成。

⑤ 充放电电路由电阻、可变电阻和电容组成。

通常使用的交流调压电路是反并联的晶闸管或双向晶闸管电路,相当于在半波可控整流电路中同时加入了负半波,因而在负载上得到了交流电压。

采用双向晶闸管交流调压对提高生产效率和降低成本等都有显著效果,但其抗过载和抗干扰能力差,且在控制大电感负载时会干扰电网或发生自干扰。

一般而言,异步电动机在轻载时,即使外加电压变化很大,转速变化也很小;而在重载时,如果降低供电电压,则转速下降很快,甚至会停转,并且会引起电动机过热甚至烧坏。为了既能保证电动机低速时具有一定的机械特性,又能保证具有一定的负载能力,一般在调压调速系统里采用转速负反馈构成闭环系统。

2.2.3　变频调速

1. 变频调速原理

由式(2-11)可知,只要频率 f_1 连续可调,就可以平滑地调节转速,但调速时应注意变频与调压的配合。

（1）基频（额定频率 f_N）以下调速（速度调低）

在基频以下调速时，在调节过程中必须配合调节电源电压，否则电动机不能正常运行。电动机电动势电压平衡方程式为

$$U_1 \approx E_1 = 4.44 f_1 N K \Phi_m \qquad (2-13)$$

式中：N 为每相绕组的匝数；Φ_m 为电动机气隙磁通的最大值；K 为电动机的结构系数。

从式（2-13）可知，当 f_1 下降时，如果 U_1 不变，则势必应使 Φ_m 增加，但电动机在设计时磁路磁通已接近饱和，因此 Φ_m 上升必然使磁路饱和，励磁电流剧增，这样电动机就无法正常运行。为了防止磁路饱和，就应使 Φ_m 保持不变，即应使 $\dfrac{U_1}{f_1}$＝常数。这就表明，在基频以下调速时，要实现恒磁通调速，则应使定子电压随频率成正比例变化，这相当于直流电动机的调压调速。

（2）基频以上调速（速度调高）

若频率上调，则不能再按比例升高电压，因为此时往上调 U_1 将超过额定电压，很可能会超过电动机绝缘耐压限度，因此频率上调时应保持电压不变，即 U_1＝常数，这时 f_1 升高，Φ_m 下降，相当于直流电动机的弱磁调速。

2. 变频调速的特性

当异步电动机采用变频调速时，无论速度是调高还是调低，Δn 都不变，可见变频调速时，在整个调速范围内机械特性一直保持着较高的硬度。

由式（2-11）可知，只要 f_1 能连续变化，则速度 n 也会连续变化。因此，变频调速具有调速范围宽（可达 10:1）、平滑性好、机械特性硬、静差率小等优点。同时，它在基频以下调速时，$\dfrac{U_1}{f_1}$＝常数，而 Φ_m 不变，属于恒转矩调速方式；在频率调高时，U_1＝常数，而 Φ_m 下降，故属于恒功率调速方式。整个调速范围的特性与直流电动机的降压调速和弱磁调速十分相似。这就说明，调频调速是异步电动机的一种比较合理的调速方法，问题是如何得到平滑可调的变频电源。

3. 变频电源的结构形式

如何获得经济、可靠的变频电源，是解决异步电动机变频调速的关键。

常用的变频电源有由直流电动机和交流发电机组成的变频机组和交—直—交变频、交—交变频组成的晶闸管静止变频装置。变频机组调节直流电动机转速就能改变交流发电机的频率，但此法设备庞大、可靠性差，近年来已被晶闸管静止变频装置所取代。

在静止变频装置中，交—直—交变频调速系统在机床中用得较多。它由整流调压、滤波及逆变 3 部分组成。所谓逆变，是指将直流电变成频率固定或可调的交流电的过程。整流调压部分将电网的工频交流电压经整流变成可调直流电压 U_d'，然后经滤波后以直流电压 U_d 提供给逆变器，逆变器再将直流调制为频率和幅值都可改变的交流电压。

根据中间滤波环节的不同，变频器可以分为电压型和电流型两种。电压型变频器的滤波采用大容量的电容，其逆变部分的直流电源阻抗（包括滤波器）远小于逆变器的阻抗，因此可将逆变器前面部分视为恒压源，其直流输出电压 U_d 稳定不变，因而经过逆变器切换后输出的交流电压波形接近于矩形波。电流型变频器的滤波环节采用大电感 L_d，其逆变部分的直流电源

呈高阻抗,因此可视之为恒流源,逆变器输出的电流波形接近于矩形波。它的优点是,由于其恒流性质,直流中间回路电流 I_d 的方向不变,所以不需要设置反馈二极管;另外,大电感 L_d 还能够有效地抑制故障电流的上升率,容易进行过电流保护,而且动态响应速度快。

2.2.4　电磁转差离合器调速

电磁转差离合器调速系统由鼠笼式异步电动机与电磁转差离合器同轴组成。图 2-19 所示为实心电枢电磁离合器示意图,这种交流调速装置是一种功率半导体器件控制电磁离合器励磁电流的调速装置,它通过改变晶闸管整流器控制电压 U_g 的大小来控制励磁电流的大小,以达到改变调速装置速度的目的。

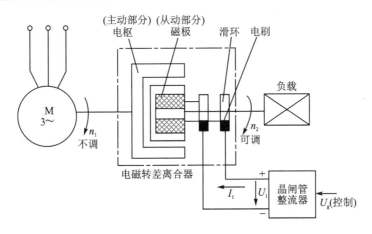

图 2-19　实心电枢电磁离合器示意图

1. 电磁转差离合器的调速原理

当异步电动机(原动机)带动电磁离合器的电枢旋转,并在磁极的励磁绕组中通入直流电流后,旋转中的电枢切割磁场,在实心电枢上形成涡流,它与磁场作用而产生转矩,使电磁离合器的从动部件跟随旋转,其转速低于电枢转速。显然,磁极与电磁离合器的电枢之间一定存在转差才能产生涡流和电磁转矩,因此称其为电磁转差离合器调速装置,利用电磁转差离合器调速的电动机称为"电磁调速异步电动机",又名"滑差电动机"。

2. 电磁转差离合器的调速特性

不同的励磁电流下,这种调速系统的机械特性的经验表达式为

$$n_2 = n_1 - K \frac{T^2}{I^4} \tag{2-14}$$

式中:n_2 为从动部件转速,即输出转速;n_1 为异步电动机转速;I 为励磁电流;T 为输出转矩;K 为由材料与离合器几何形状等参数决定的系数。

由式(2-14)可以看出,改变励磁电流 I 的大小就可以改变 n_2 的快慢,从而达到调速的目的,而且 I 越大,n_2 也越大。因为励磁电流越大,耦合就越紧,故磁极跟随电枢的转矩也就越大,即 n_2 越大。当励磁电流为零时,尽管异步电动机的转速维持原来的速度不变,但是因为没有磁场,实心转子不会产生涡流,即没有电磁耦合对磁极(从动部分)产生转矩,故负载不会转动,这时相当于工作机械与异步电动机转子处于"分离"的状态。因此上述调速方法非常简单,维护也很方便,其缺点是机械特性软、调速范围小、低速运行损耗大、效率低,并且只能单方向

运转,一般适用于泵、螺旋桨、风机等负载。如果在调速系统中加入速度负反馈,如图 2-20 所示,则其调速范围可达 10∶1 或 20∶1 左右,从而使电磁转差离合器调速装置适用于印染、纺织和机床等机械。

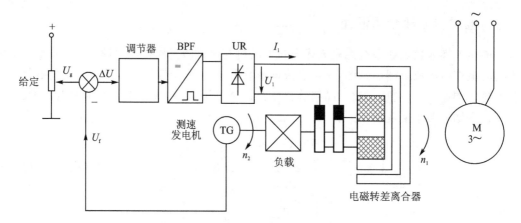

图 2-20 电磁转差离合器闭环调速系统

值得注意的是,电磁转差离合器调速在空载时往往会出现失控而造成无法调速,因此试验时应加负载运行。

2.2.5 绕线转子异步电动机的串级调速

1. 绕线转子异步电动机串级调速的由来

当绕线转子异步电动机转子串电阻调速时,最大的缺点是,在转子电阻上产生功率损耗,使效率变低。如果在转子电路中不串入电阻,而是串入一个频率与转子频率 f_2 相同、相位与转子电动势 E_{2s} 相反的附加电动势 E_f 来吸收转差功率,同样也能使实际输出的机械功率减小,达到在 $T=T_c$ 的条件下迫使转速降低的目的,然后想办法将转差功率 P_s 回收到提供 E_f 的装置中去加以利用,这样就起到了节能的作用,提高了调速的经济性。这种在绕线转子异步电动机转子回路中串入附加电动势 E_f 的高效率调速方法,称为串级调速。

2. 绕线转子异步电动机串级调速的一般原理

如图 2-21 所示,假设在转子回路中串入附加电动势 E_f,其频率与转子电动势 E_{2s} 的频率相同,而相位可与 E_{2s} 相同或相反(相位相差 $180°$)。

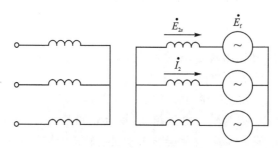

图 2-21 转子回路串入附加电动势

（1）E_f 与 E_{2s} 反相

由图 2-21 看出，当 E_f 与 E_{2s} 相位相反时，转子电流 I_2 减小，在负载转矩 T_C 一定的条件下，转子串入 E_f 后各量的变化过程为

$$E_f \uparrow \rightarrow I_2 \downarrow \rightarrow T \downarrow \rightarrow n \downarrow \leftarrow s \uparrow \leftarrow I_2 \uparrow \rightarrow T \uparrow$$

也就是说，当 I_2 减小时输出转矩减小，在负载一定时电动机将减速，电动机转差率 s 增大，当电动机转速下降到使输出转矩与负载转矩平衡时，则电动机在新的转速 n 下稳定运行，这时电动机的转速比原来的低，这是减速过程。显然 E_f 越大，n 下降越多，调节附加电动势 E_f 的大小即可进行调速。

（2）E_f 与 E_{2s} 同相

当附加电动势 E_f 与 E_{2s} 同相时，显然 I_2 增大，在 T_C 一定的条件下，串入 E_f 后各量的变化过程为

$$E_f \uparrow \rightarrow I_2 \uparrow \rightarrow T \uparrow \rightarrow n \uparrow \rightarrow s \downarrow \rightarrow I_2 \downarrow \rightarrow T \downarrow$$

直到 $T=T_C$。这时电动机在比原来高的转速下稳定运行，这是升速过程。E_f 越大，n 上升越多。

可见，串入 E_f 后，如果 E_f 与 E_{2s} 反相，则可使电动机在同步转速以下调速，称为低同步串级调速；如果 E_f 与 E_{2s} 同相，则可使电动机朝着同步转速加速，但这种串级调速产生附加电动势的装置比较复杂，实现起来比较困难，目前应用不多。

3. 串级调速装置及其运行原理

要实现串级调速，则必须在绕线转子电动机转子电路中串入一个频率与转子电动势 E_{2s} 频率相同的附加电动势 E_f。但是，E_{2s} 的频率 $f_2=sf_1$，是随转差率或转速变化的，要获得这样一个频率随转速变化的变频电源是相当困难的。通常是将转子的交流电动势用整流器整成直流电动势，再用一个可控的直流电动势去和它对接，这就可以避免采取变频的方法。根据这一指导思想，人们设计出了多种串级调速装置，目前广泛采用的是晶闸管串级调速装置。

图 2-22 所示为晶闸管串级调速装置的原理图。由图 2-22 可以看出，绕线转子电动机的转子交流电动势经硅二极管整流器整流成直流电压 U_d，经平波电抗器 Ld 滤波后加至晶闸管有源逆变器上，再由晶闸管有源逆变器将直流逆变电压 U_β 逆变成交流电送到电网上。

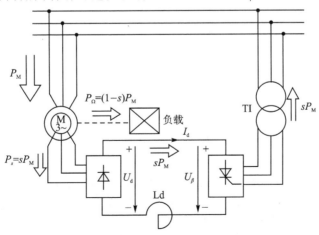

图 2-22　晶闸管串级调速装置的原理图

图 2-22 中的 TI 为专用逆变变压器,其作用是使逆变器逆变出的交流电压与电网电压匹配。由于逆变器交流侧与电网相连,其频率与电压都与电网一致,故称"有源"逆变器,逆变电压 U_β 通过整流电路接入绕线转子电动机的转子电路,起到附加电动势 E_f 的作用。由于其极性对每相转子电流而言,方向永远相反,因此它总是起吸收转差功率 P_s 的作用,其吸收的功率通过晶闸管逆变器变成交流电能又回馈到交流电网中去加以利用。改变逆变器的逆变角 β 就可以改变 U_β 的大小,即改变 E_f 的大小,从而实现异步电动机的串级调速。可见,晶闸管逆变器起到两个作用:一是给异步电动机转子回路提供附加直流电动势 E_f,二是将转子回路的转差功率回馈给电网。

4. 串级调速的优缺点

绕线转子电动机串级调速与转子串电阻调速相比,有其独特之处。

① 优点:机械特性较硬,调速平滑性好,损耗较小,效率较高,便于向大容量发展。

② 缺点:功率因数低,设备较复杂,成本较高,低速时电动机的过载能力较低。

因此,串级调速最适用于调速范围不太大的场合,例如通风机械、提升机等。如果机械调速精度要求较高,则可采用双闭环控制。一般采用带速度负反馈的自动串级调速系统,其典型结构如图 2-23 所示。

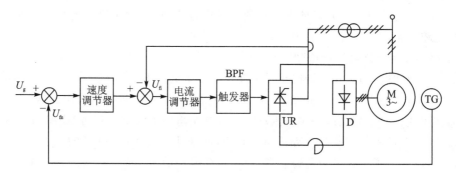

图 2-23 带速度负反馈的串级调速系统

2.2.6 变极调压调速

为了克服调压调速系统在低速运行时能量损耗大、运行效率低的缺点,可以采用调压调速与变极调速相结合的调速方式,即所谓的变极调压调速。由异步电动机同步转速表达式 $n_0 = \frac{60f}{P}$ 可知,当极对数 P 增加 1 倍时,同步转速 n_0 下降 1/2。若在此基础上再采用降压调速,则在相同的低速下,转差能量损耗将较之仅采用调压调速时要小得多。

2.3 步进电动机的控制

步进电动机的应用十分广泛,如机械加工、绘图机、机器人、软磁盘驱动系统、数控机床、针式打印机等。步进电动机是一种能将电脉冲信号转换成角位移或线位移的执行元件,它实质上是一种多相或单相同步电动机。单相步进电动机由单路电脉冲驱动,输出功率一般很小,其用途为微小功率驱动,例如用于驱动机械式电子手表的指针。多相步进电动机由多相方波脉冲驱动,用途很广。如不加特别说明,步进电动机一般都是指多相步进电动机。由于步进电动机能直接接收数字量输入,所以特别适合于微机控制和可编程控制器控制。本节先介绍步进电动机的工作原理及工作方式,再说明微机对步进电动机的控制方法,最后介绍可编程控制器对步进电动机的控制方法。

2.3.1　步进电动机的工作原理及工作方式

目前常用的步进电动机有 3 类,分别是反应式步进电动机、永磁式步进电动机和混合式步进电动机。现以反应式步进电动机为例说明其工作原理及工作方式。

1. 工作原理

步进电动机的工作就是步进转动。在一般的步进电动机工作中,其电源都是采用单极性的直流电。要使步进电动机执行步进转动,就必须对步进电动机的各相绕组进行恰当的时序方式通电。

步进电动机的步进过程可以用图 2-24 来说明。在图 2-24 中所示的是一个三相反应式步进电动机,在定子中,每相的一对磁极都只有一个齿,即磁极本身,故 3 对相磁极就有 6 个齿;在转子中,有 4 个齿,分别称 0、1、2、3 齿。直流电源通过开关分别对步进电动机的 A、B、C 相绕组轮流通电,下面分析其工作情况。

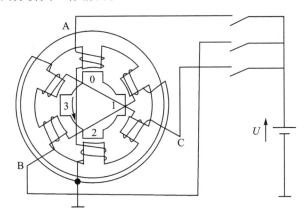

图 2-24　步进电动机的步进过程

初始状态时,开关接通 A 相绕组,则 A 组磁极和转子的 0、2 号齿对齐。同时,转子的 1、3 号齿与 B、C 相绕组磁极形成错齿状态。

当开关从 A 相绕组拨向 B 相绕组后,由于 B 相绕组和转子的 1、3 号齿之间的磁感线作用,使转子的 1、3 号齿与 B 相磁极对齐,则转子的 0、2 号齿就与 A、C 相绕组磁极形成错齿状态。

此后开关从 B 相绕组拨向 C 相绕组,由于 C 相绕组和转子 0、2 号齿之间磁感线的作用,使转子的 0、2 号齿和 C 相磁极对齐。这时转子的 1、3 号齿与 A、B 相绕组磁极产生错齿。

当开关从 C 相绕组拨向 A 相绕组后,由于 A 相绕组磁极和转子 1、3 号齿之间磁感线的作用,令转子 1、3 号齿与 A 相绕组磁极对齐。这时转子的 0、2 号齿与 B、C 相绕组磁极产生错齿。很明显,在这时转子的齿移动了一个齿距角。

如果对一相绕组通电的操作称为一拍,那么对三相反应式步进电动机的 A、B、C 三相轮流通电需要 3 拍。对 A、B、C 三相轮流通电一次也称为一个周期。从上面的分析看出,三相反应式步进电动机转子转动一个齿距需要 3 拍操作。

由于按 A→B→C→A 相顺序轮流通电,所以磁场沿 A、B、C 方向转动了 360°空间角。而这时转子沿 A、B、C 方向转动了一个齿距位置。在图 2 - 24 中,转子的齿数为 4,转动一个齿距,也即转动 90°。如此循环往复,电动机便按一定的方向转动。

对于反应式步进电动机,当其绕组中通电的相序不同时,步进电动机的旋转方向和步进精度也有所不同。另外,步进电动机对绕组的通电频率也有一定的要求,如果通电频率过高,超过步进电动机的最大步进速度,就会产生失步。一般步进电动机的通电频率即启动频率为 50～2 000 步/秒。

2．工作方式

按通电方式的不同,可以将三相反应式步进电动机的工作方式分为以下 3 种:

(1) 单三拍工作方式

三相反应式步进电动机各相分别为 A、B、C 相。如果换相方式为 A→B→C→A,则电流切换 3 次,即换相 3 次时,磁场就会旋转一周,同时转子转动一个齿距。对某相通电时,转子齿就会与该相定子齿对齐。这种通电方式称单三拍方式。所谓"单",是指每次对单相通电;所谓"三拍",是指换相 3 次磁场旋转一周,转子移动一个齿距。

(2) 双三拍工作方式

在步进电动机的步进控制中,如果每次都是两相通电,控制电流切换 3 次,磁场旋转一周,转子移动一个齿距位置,则称双三拍工作方式。在双三拍工作方式中,每拍通电的相磁极和转换情况是 AB→BC→CA→AB。

(3) 单、双六拍工作方式

对三相反应式步进电动机进行控制时,把单三拍和双三拍工作方式结合起来,就产生了六拍工作方式。在六拍工作方式中,通电的相数为 A→AB→B→BC→C→CA→A。在六拍工作方式中,控制电流切换 6 次,磁场旋转一周,转子移动一个齿距。

2.3.2　三相反应式步进电动机的微机控制

对于三相反应式步进电动机来说,无论它工作在何种方式,都需要三相控制电路,并且每一路对应于步进电动机的一相,每一路控制电路的结构都是一样的。

用 51 单片机控制步进电动机,需要在输入/输出接口上用 3 条 I/O 线对步进电动机进行控制。单片机控制步进电动机的硬件原理如图 2 - 25 所示。

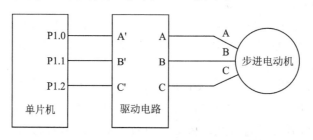

图 2 - 25　单片机控制步进电动机的硬件原理图

单片机 I/O 口的 P1.0、P1.1、P1.2 按步序分别输出三相脉冲信号给驱动电路的 A′、B′、C′,经过驱动电路反向放大后,从驱动电路的 A、B、C 输出,从而控制步进电动机的转动。当 P1.0 输出低电平时,经 A 相绕组通电;当 P1.0 输出高电平时,A 相绕组断电。其余两相类同。这样,在单片机的 P1 口输出一个步进控制的编码,步进电动机便执行一次步进,依次循环输出驱动步进电动机所需的状态 A→AB→B→BC→C→CA→A,使步进电动机以单、双六拍工作方式来运行。

在单片机的程序存储器中开辟一个存储空间来存放步进电动机的 6 种状态,形成一张状态表,如表 2-1 所列。按照电动机的正、反转要求,顺序将状态表的内容取出来送到单片机的 P1 口,来驱动步进电动机运行。

表 2-1 单、双六拍工作方式状态表

相 序	通电状态	输出信号
1	A	0FEH
2	AB	0FCH
3	B	0FDH
4	BC	0F9H
5	C	0FBH
6	CA	0FAH

由上述内容可知,对步进电动机的控制可变成顺序查表以及写 P1 口的软件处理过程。若设定 R0 作为状态计数器,按每拍加 1 进行操作,对于 6 拍运行,从 0 开始,最大计数值为 5。步进电动机正转程序如下:

```
CW:     INC    R0                      ;正转加 1
        CJNE   R0,#06H,CW1             ;计数值不是 6,正常计数
        MOV    R0,#00H                 ;若计数值超过 5,则清 0,回到表首
CW1:    MOV    A,R0                    ;计数值送 A
        MOV    DPTR,#TAB               ;正转状态表首地址
        MOVC   A,@A+DPTR               ;取出表中状态
        MOV    P1,A                    ;送输出口
        RET
TAB:    DB     0FEH,0FCH,0FDH,0F9H,0FBH,0FAH
```

正转程序与反转程序的差别是:正转程序正向查表,反转程序反向查表。步进电动机反转程序如下:

```
CCW:    DEC    R0                      ;反转减 1
        CJNE   R0,#0FFH,CCW1           ;计数值不是 0,正常计数
        MOV    R0,#05H                 ;若计数值是 0,则将数值设为 05,回到表末
CCW1:   MOV    A,R0                    ;计数值送 A
        MOV    DPTR,#TAB               ;反转状态表末地址
        MOVC   A,@A+DPTR               ;取出表中状态
        MOV    P1,A                    ;送输出口
        RET
TAB:    DB     0FEH,0FCH,0FDH,0F9H,0FBH,0FAH
```

2.3.3 两相混合式步进电动机的 PLC 控制

用 PLC 控制步进电动机,实际上是通过 PLC 控制步进电动机驱动器来实现控制步进电

动机的转动。步进电动机驱动器一般由脉冲发生分配控制单元、功率驱动单元、保护单元等组成,其外形如图 2-26 所示。

图 2-27 所示为使用 PLC 对两相混合式步进电动机进行控制的例子,在图中省略了电源接线。其中,步进电动机驱动器的一端提供与 PLC 相连的转速信号(CP)、转向信号(DIR)和启动信号(EN)的接口,另一端提供与步进电动机相线($A,\overline{A},B,\overline{B}$)相连的驱动接口。其中:CP 为驱动步进电动机运转的脉冲信号;DIR 为控制步进电动机运转方向的控制信号;EN 为控制步进电动机运转的使能控制信号。

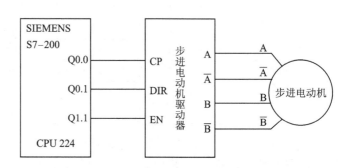

图 2-26　步进电动机驱动器的外形　　　　图 2-27　PLC 控制两相混合式步进电动机

PLC 选择西门子公司的 S7-200 PLC(CPU 224),其中:Q0.0 可以输出脉宽可调的高速脉冲,连接步进电动机驱动器的 CP 端,给步进电动机提供脉冲信号;步进电动机驱动器的 DIR 和 EN 端可以连接到 CPU 224 的两个普通输出端。

PLC 的部分 I/O 分配表如表 2-2 所列。

在 PLC 的控制程序中使用到特殊标志位存储器 SM,部分 SM 的功能如表 2-3 所列。

表 2-2　PLC 的部分 I/O 分配表

设备(信号)	地　址
CP	Q0.0
DIR	Q1.0
EN	Q1.1

表 2-3　部分 SM 的功能

SM 地址	功　能
SMB67	Q0.0 输出高速脉冲的状态控制位
SMW68	Q0.0 输出高速脉冲的脉冲周期
SMW70	Q0.0 输出高速方波脉冲 PWM 的脉冲带宽值
SMD72	Q0.0 输出(PTO)脉冲计数值

步进电动机正转固定角度程序如图 2-28 所示。

说明:

网络 1 的功能:若步进电动机满足转固定角度条件,则设置步进电动机的使能信号和转向信号(正转时方向信号 Q1.0=0)。

网络 2 的功能:若步进电动机满足转固定角度条件,则设置 SMB67(状态控制位)、SMW68(脉冲周期)、SMD72(PTO 脉冲个数),同时使用 PLS 指令使能 Q0.0 输出高速脉冲。其中,SMB67 设置的参数实现激活 Q0.0 输出固定数量的 PTO 脉冲功能,设置脉冲周期的时基为 1 ms(也可以设置为 1 μs),并刷新脉冲周期和脉冲个数。

步进电动机连续反转程序如图 2-29 所示。

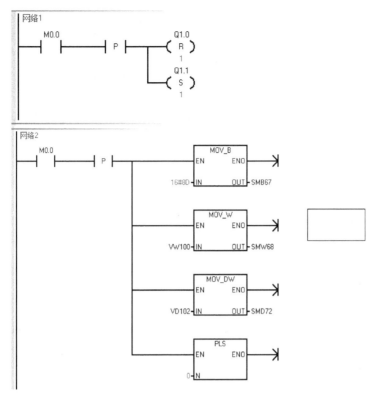

图 2-28 步进电动机正转固定角度程序

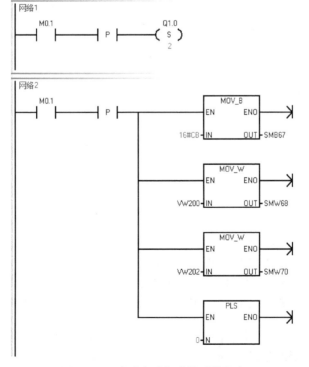

图 2-29 步进电动机连续反转程序

说明：

网络 1 的功能：若步进电动机满足连续运转条件，则设置步进电动机的使能信号和转向信号（反转时方向信号 Q1.0=1）。

网络 2 的功能：若步进电动机满足连续运转条件，则设置 SMB67（状态控制位）、SMW68（脉冲周期）、SMW70（PWM 脉冲宽度），同时使用 PLS 指令使能 Q0.0 输出高速脉冲。其中，SMB67 设置的参数实现激活 Q0.0 输出 PWM 脉冲功能，设置脉冲周期的时基为 1 ms（也可以设置为 1 μs），并刷新脉冲周期和脉冲宽度。

2.4 伺服电动机的控制

伺服电动机也称执行电动机，在自动控制系统中作为执行元件，其作用是将输入的电压信号转换为转轴上的转速输出。输入的电压信号又称为控制信号或控制电压。对直流伺服电动机而言，改变控制电压的大小和电源极性，就可以改变伺服电动机的转速和转向。近年来，伺服电动机的应用日益广泛，对它的要求也越来越高，新材料和新技术的应用使伺服电动机的性能有了很大的提高。

伺服电动机的工作条件与一般动力用电动机有很大差别，要求它可以频繁地启动、制动和反转。多数时间电动机处于接近于零的低速状态和过渡过程中，因此，对伺服电动机主要有以下几个要点：

① 无自转现象，即当控制信号消失时，伺服电动机必须自行停止转动。控制信号消失后电动机继续转动的现象称为自转现象。在自动控制系统中，不允许有自转现象存在。

② 空载始动电压低。当电动机空载时，转子不论在什么位置，从静止到连续转动的最小控制电压称为始动电压。始动电压越小，电动机越灵敏。

③ 机械特性和调节特性的线性度好，即从零转速到空载转速范围内，电动机应能平滑稳定地调速。

④ 响应快速，即要求转速能随控制电压的变化而迅速变化。

伺服电动机在自动控制系统中作为执行元件，即电动机在控制电压的作用下驱动机械工作。由伺服电动机组成的伺服驱动系统，被控对象可分为：

① 转矩控制，即电动机的转矩是被控对象；

② 速度控制，即电动机的速度是被控对象；

③ 位置控制，即电动机的位置角是被控对象；

④ 混合控制，即被控对象为上述几种的混合。

在伺服系统中，较多的是速度控制和位置控制。

根据电源性质，常用的伺服电动机可分为直流伺服电动机和交流伺服电动机两种。直流伺服电动机通常用在功率稍大的系统中，输出功率一般为 1~600 W，也有的可达数千瓦；交流伺服电动机输出功率一般为 0.1~100 W，其中，最常用的在 30 W 以下。下面将对它们分别进行介绍。

2.4.1 直流伺服电动机的控制

直流伺服电动机的结构和工作原理与他励直流电动机基本相同。目前的直流伺服电动机有电磁式和永磁式两种。电磁式的磁场由他励励磁绕组产生,永磁式的磁场由永久磁铁产生,而无须励磁绕组和励磁电源。

电磁式直流伺服电动机的控制方式有电枢控制和磁场控制两种方式。电枢控制就是将控制信号电压加到电枢绕组两端,而励磁绕组直接接至恒定电压;磁场控制则恰好与之相反,将控制信号电压加到励磁绕组两端,而电枢绕组直接接至恒定电压。由于电枢控制可以得到线性的机械特性和调节特性,并且在控制电压消失后,只有励磁绕组通电,故其损耗较小;另外,电枢电路的电感比较小,电磁惯性小,反应比较灵敏,所以应用较多。直流伺服电动机的外形如图 2 - 30 所示。下面就以电枢控制的直流伺服电动机为例,说明其工作原理和运行特点。

1. 枢控式直流伺服电动机的工作原理

图 2 - 31 所示为枢控式直流伺服电动机的工作原理图,图中,当励磁绕组接在恒定的励磁电压 U_f 上时,励磁绕组中便有励磁电流 I_f 流过,并产生磁通 Φ;当控制绕组(即电枢绕组)收到控制电压 U_k 时,电枢绕组中就产生电枢电流,该电流与励磁磁通 Φ 相互作用产生电磁力,形成转矩,使伺服电动机转动。当控制电压 U_k 消失时,电枢电流为零,电磁转矩也为零,伺服电动机停转。改变控制电压 U_k 的大小和极性,伺服电动机的转向和转速将随之改变,因而可使伺服电动机处于正转、反转或调速的运行状态。

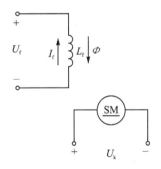

图 2 - 30　直流伺服电动机的外形　　　图 2 - 31　枢控式直流伺服电动机的工作原理图

2. 枢控式直流伺服电动机的控制与应用

目前,直流伺服电动机控制电压 U_k 也采用 PWM 技术进行控制。PWM 原理如图 2 - 32 所示,图中,U_a 为电枢电压;U_d 为平均电压;VT 为绝缘栅双极晶闸管,其控制极由脉冲宽度可调的脉冲电压驱动;T_{on} 为晶闸管的导通时间;T_{off} 为晶闸管的截止时间;$T = T_{on} + T_{off}$。占空比 $\rho = \dfrac{T_{on}}{T} = \dfrac{T_{on}}{T_{on} + T_{off}}$。实际应用中可用单片机产生脉冲,通过调节脉冲的占空比来调节电枢电

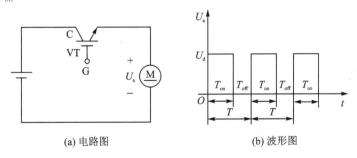

(a) 电路图　　　　　　　　　(b) 波形图

图 2 - 32　PWM 原理

压,实现降压启动、降压调速。

直流伺服电动机的主要优点是:体积小,启动转矩大,无自转现象,线性度好,调速范围大,效率高;主要缺点是:结构复杂,电刷和换向器维护工作量大,其接触电阻大小不稳定,影响低速运行时的稳定性,运行时电刷与换向器之间的火花还会产生有害的无线电干扰。直流伺服电动机多用于数控机床中的两个进给轴的驱动、机器人关节驱动、摄像机的磁鼓驱动系统等闭环控制系统,其微机控制原理如图 2-33 所示。

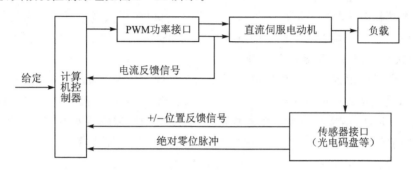

图 2-33　直流伺服电动机微机控制原理图

2.4.2　交流伺服电动机的控制

功率从几瓦到几十瓦的交流伺服电动机,在小功率随动系统中得到十分广泛的应用。与直流伺服电动机一样,交流伺服电动机在自动控制系统中也常被用作执行元件。

1.　交流伺服电动机的基本结构

图 2-34　交流伺服电动机的外形

交流伺服电动机是一种可控制的两相感应电动机,从结构上看它与普通感应电动机相似,也由定子和转子两部分组成,定子通常做成两相。它的定子铁芯用硅钢片叠装成凸极式或隐极式,铁芯上放置着空间位置相差 90° 电角度的两相分布绕组,一相作为励磁绕组,另一相则作为控制绕组。两相绕组通电时必须保持频率相同,一般采用 50 Hz 或 400 Hz 的频率。交流伺服电动机的外形如图 2-34 所示。交流伺服电动机的转子有两种类型:鼠笼式转子和非磁性杯形转子。鼠笼式转子结构类型同普通鼠笼式感应电动机一样,但是为了减小其转动惯量,使其具有快速响应的特点,其转子比普通感应电动机的转子细而长。非磁性杯形转子的电动机结构除了具有和普通感应电动机一样的定子(称为外定子)外,还有一内定子,内定子是由硅钢片叠成的圆柱体,其上通常没有绕组,只是代替鼠笼式转子铁芯作为磁路的一部分。非磁性杯形转子是由厚 0.3 mm 左右的铜箔或铝箔制成的圆柱环,安放在外定子与内定子所形成的气隙中。非磁性杯形转子可以看成是无数导条并联而成的鼠笼式转子,其工作原理与鼠笼式转子相同,其结构如图 2-35 所示。

非磁性杯形转子的优点是:转动惯量小,快速响应性能好,运转平稳无抖动;缺点是:由于气隙间隙增大,从而使励磁电流增大,功率因数和效率降低。

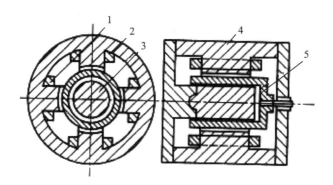

1—励磁绕组 ;2—控制绕组;3—内定子;4—外定子;5—转子

图 2 - 35 非磁性杯形转子伺服电动机结构

2. 工作原理和特点

图 2 - 36 所示为交流伺服电动机的工作原理图,图中定子励磁绕组 L_f 接在电压为 $\dot{U}_f$ 的恒定交流电源上,控制绕组 L_k 输入控制电压 $\dot{U}_k$。在无控制信号($\dot{U}_k=0$)时,气隙中只有励磁电流产生的脉动磁场,转子不能转动;在有控制信号时,励磁电流和控制电流共同作用产生一个旋转磁场,带动转子旋转。随着控制电压的大小和相位的改变,旋转磁场的强弱和旋转方向会发生变化,从而达到控制电动机转速和转向的目的。但是,当控制电压为零时,交流伺服电动机将成为一台单相电动机而继续旋转,即出现自转现象,这是不允许的。为满足自动控制系统

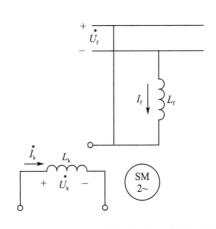

图 2 - 36 交流伺服电动机的工作原理图

的要求,防止电动机自转现象的发生,交流伺服电动机的转子参数必须特殊设计,即需增大转子电阻。

3. 控制方式

当交流伺服电动机运行时,改变控制绕组上控制电压的大小或者改变控制电压和励磁电压之间的相位角,都能使电动机气隙中旋转磁场的强弱和旋转方向发生变化,从而改变它们产生的合成电磁转矩,即可控制伺服电动机的转速和转向。因此,交流伺服电动机的控制方式有4 种:幅值控制、相位控制、幅-相控制和双相控制。

(1) 幅值控制

幅值控制是通过改变控制电压的幅值来实现对交流伺服电动机的转速控制,而控制电压与励磁电压之间的相位角保持不变。幅值控制的接线图如图 2 - 37 所示,图中励磁绕组直接接到交流电源上,即励磁电压 $\dot{U}_f$ 等于电源电压 $\dot{U}$,而控制绕组需经过电阻分压(电位器)和电压移相(移相器)后再接到电源电压 $\dot{U}$ 上,移相器使控制电压 $\dot{U}_k$ 与励磁电压 $\dot{U}_f$ 的相位差保持 $90°$,而电位器则控制控制电压 $\dot{U}_k$ 的幅值变化,从而改变旋转磁场的强弱,达到控制转速的目的。

（2）相位控制

相位控制是通过改变控制电压的相位来达到控制转速的目的,而控制电压的幅值保持不变。相位控制的接线图如图 2 - 38 所示,图中励磁绕组直接接到交流电源上,使励磁电压 $\dot{U}_f$ 等于电源电压 $\dot{U}$,而控制绕组经移相器后再接到电源电压 $\dot{U}$ 上。这时,控制电压 $\dot{U}_k$ 与励磁电压 $\dot{U}_f$ 的幅值都与电源电压 $\dot{U}$ 相同,只是控制电压 $\dot{U}_k$ 与励磁电压 $\dot{U}_f$ 之间的相位差 β 可通过移相器在 $0°\sim90°$ 之间变化,从而达到控制转速的目的。

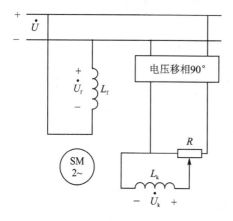

图 2 - 37　幅值控制的接线图　　　图 2 - 38　相位控制的接线图

（3）幅-相控制（或称电容控制）

幅-相控制是通过同时改变控制电压的幅值和相位的方法来控制电动机的转速。幅-相控制的接线图如图 2 - 39 所示,图中励磁绕组串联电容 C_f 后接到交流电源 $\dot{U}$ 上,电容 C_f 的作用是使励磁电压 $\dot{U}_f$ 和控制电压 $\dot{U}_k$ 分相;控制绕组经过电阻分压（电位器）后接到电源电压 $\dot{U}$ 上,电位器可改变控制电压 $\dot{U}_k$ 的幅值,但控制电压 $\dot{U}_k$ 的相位始终与电源电压 $\dot{U}$ 相同。当调节电位器使控制电压 $\dot{U}_k$ 的幅值改变时,由于控制绕组与励磁绕组相互耦合的影响,使励磁电流 I_f 相应发生变化,从而使励磁电压 $\dot{U}_f$ 的大小和相位随之变化,也就使控制电压 $\dot{U}_k$ 与励磁电压 $\dot{U}_f$ 之间的相位差 β 发生变化,从而达到控制转速的目的。这种控制方式的电路简单,输出功率大,是最常用的一种控制方式。

（4）双相控制

双相控制中励磁绕组和控制绕组的相位差固定为 90° 电角度,而励磁绕组电压的幅值随控制电压的改变而同样改变。也就是说,不论控制电压大小如何,伺服电动机始终在圆形磁场下工作,获得的输出功率和效率最大。双相控制的接线图如图 2 - 40 所示。

交流伺服电动机运行平稳,噪声小,但在上述 4 种控制方式下的机械特性和调节特性都不是线性关系。因此,这种电动机的转矩变化对转速的影响很大,给系统的稳定和校正带来不便,这是交流伺服电动机在运行性能上比直流伺服电动机差的原因。由于转子电阻大,交流伺服电动机损耗也大,效率也低,且与同容量的直流伺服电动机相比,它的体积和质量都较大,所以只适用于小功率控制系统。

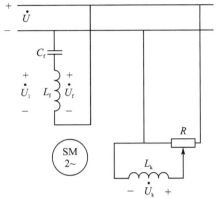

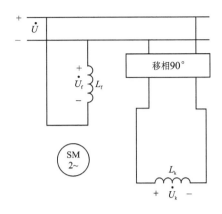

图 2-39　幅-相控制的接线图　　　　　图 2-40　双相控制的接线图

复习思考题

2-1　如何改变他励、并励、串励和复励电动机的转向？

2-2　如何判断直流电动机运行于发电机状态还是电动机状态？它们的 U、T、n、E_a、I_a 的方向有何不同？能量转换关系如何？

2-3　某直流电动机额定转速为 1000 r/min，要求调速范围 $D=10$，静差度 $S=5\%$，则系统允许的静态速度降是多少？

2-4　为什么说调压调速方法不太适合于长期工作在低速的生产机械？

2-5　异步电动机的转速表达式是什么？常用的调速方法有几种？举例说明。

2-6　为什么调压调速必须采用闭环控制才能获得较好的调速特性？其根本原因是什么？

2-7　简要说明串级调速的基本原理。

2-8　步进电动机有哪几种类型？

2-9　何谓三相单三拍、三相六拍和三相双三拍工作方式？

2-10　对于步进电动机，如何使用单片机实现其控制？

2-11　对于混合式步进电动机，如何使用可编程控制器实现其控制？

2-12　有一台四相反应式步进电动机，其步距角为 $1.8°/0.9°$。试问：

① 步进电动机转子的齿数为多少？

② 写出四相八拍运行方式时的通电顺序。

③ 测得电流频率为 600 Hz 时的转速为多少？

2-13　直流伺服电动机如何工作？如何对它进行控制？

2-14　有一直流伺服电动机，电枢控制电压和励磁电压均保持不变，当负载增加时，电动机的控制电流、电磁转矩和转速如何变化？

2-15　交流伺服电动机如何工作？有哪些控制方式？

第3章　常用低压电器

在电能的产生、输送、分配和应用中,起着开关、控制、调节和保护作用的电气设备称为电器。低压电器是指工作在交流 1200 V、直流 1500 V 及以下的各种电器。

1. 低压电器的分类

按电器的用途可分为以下几种:

① 低压配电电器:用于供、配电系统中进行电能输送和分配的电器,如刀开关、低压断路器、熔断器等。

② 低压控制电器:用于各种控制电路的电器,如转换开关、按钮、接触器、继电器、电磁阀等。

③ 低压主令电器:用于发送控制指令的电器,如按钮、主令开关、行程开关等。

④ 低压保护电器:用于对电路及用电设备进行保护的电器,如熔断器、热继电器、电流/电压继电器等。

⑤ 低压执行电器:用于完成某种动作或传送功能的电器,如电磁铁、电磁离合器等。

大多数电器既可作控制电器,亦可作保护电器,它们之间没有明显的界线。例如,电流继电器既可按"电流"变量来控制电动机,又可用来作为电动机的过载保护;又如:行程开关既可用来控制工作台的加、减速及行程长度,又可作为终端开关保护工作台,不至于使其闯到导轨外面去,即作为工作台的极限保护。

2. 电磁式低压电器的基本结构

利用电磁原理构成的低压电器称为电磁式低压电器,这是目前应用较为广泛的一类电器。从结构上看,电磁式低压电器一般都具有两个基本组成部分,即感受部分和执行部分。感受部分接受外界输入的信号,并通过转换、放大及判断,做出有规律的反应,使执行部分动作,输出相应的指令,实现控制的目的。对于有触头的电磁式低压电器,感受部分是电磁机构,执行部分是触头系统。

(1) 电磁机构

电磁机构由吸引线圈、铁芯和衔铁组成。吸引线圈通以一定的电压和电流产生磁场及吸力,并通过气隙转换成机械能,从而带动衔铁运动使触头动作,完成触头的断开和闭合,实现电路的分断和接通。图 3-1 所示是几种常用电磁机构的结构形式。

(2) 触头系统

触头是电磁式电器的执行部分,起接通和分断电路的作用。因此,要求触头导电导热性能要好,通常用铜、银、镍及其合金材料制成,有时也在铜触头表面镀锡、银或镍。对于一些特殊用途的电器,如微型继电器和小容量的电器,触头采用银质材料制成。

1) 触头的接触形式

触头的接触形式有点接触、线接触和面接触 3 种,如图 3-2 所示。

点接触由两个半球形触头或一个半球形与一个平面形触头构成,常用于小电流的电器中,如接触器的辅助触头和继电器触头。线接触常做成指形触头结构,它们的接触区是一条直线,

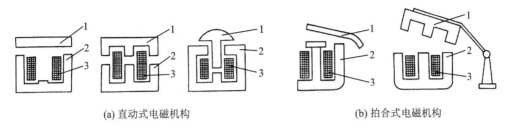

(a) 直动式电磁机构　　　　　　　　　(b) 拍合式电磁机构

1—衔铁；2—铁芯；3—线圈

图 3-1　常用电磁机构的结构形式

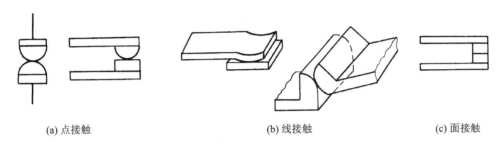

(a) 点接触　　　　　　　　(b) 线接触　　　　　　　　(c) 面接触

图 3-2　触头的接触形式

触头通、断过程是滚动接触并产生滚动摩擦，适用于通电次数多、电流大的场合，多用于中等容量电器。面接触一般在接触表面镶有合金，允许通过较大电流，中小容量接触器的主触头多采用这种结构。

2）触头的结构形式

触头的结构形式如图 3-3 所示，主要有桥式触头和指形触头两种。

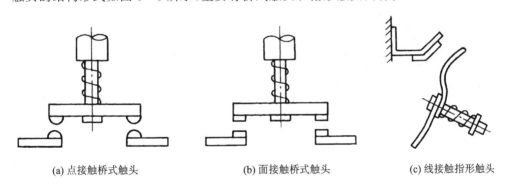

(a) 点接触桥式触头　　　　　　(b) 面接触桥式触头　　　　　　(c) 线接触指形触头

图 3-3　触头的结构形式

桥式触头在接通与断开电路时由两个触头共同完成，对灭弧有利，这类触头的接触形式一般是点接触和面接触。指形触头在接通和断开时产生滚动摩擦，能去掉触头表面的氧化膜，从而减少触头的接触电阻，这类触头的接触形式一般采用线接触。

触头按其原始状态可分为常开触头和常闭触头。原始状态时（吸引线圈未通电时）触头断开，线圈通电后闭合的触头称为常开触头。原始状态时触头闭合，线圈通电后断开的触头称为常闭触头。线圈断电后所有触头回到原始状态。

按触头控制的电路可分为主触头和辅助触头，主触头允许通过较大的电流，用于接通或断开主电路；辅助触头只允许通过较小的电流，用于接通或断开控制电路。

3.1 开关与主令电器

3.1.1 低压开关

1. 刀开关

刀开关是一种手动配电电器,又称闸刀。它主要用来隔离电源、手动接通或断开交直流电路,也可用于不频繁地接通与分断额定电流以下的负载,如小型电动机、电炉等。

(1) 刀开关的结构

在机床中,刀开关主要用作电源开关,它一般不用来直接切断电动机的工作电流。一般刀开关结构如图 3-4(a) 所示。它主要由与操作手柄相连的动触点、静触点刀座,以及进线、出线接线座构成,这些导电部分都固定在瓷底板上,且用胶盖盖着,所以当闸刀合上时,操作人员不会触及带电部分。胶盖还具有下列保护作用:

① 将各极隔开,防止因极间飞弧导致电源短路;

② 防止电弧飞出盖外,灼伤操作人员;

③ 防止金属零件掉落在闸刀上形成极间短路。

图 3-4(b) 所示为装设有熔丝的刀开关,它提供了短路保护功能。

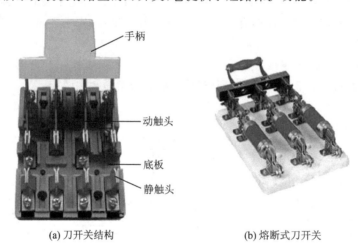

(a) 刀开关结构   (b) 熔断式刀开关

图 3-4 刀开关结构图

(2) 刀开关的型号含义及电气符号

刀开关的型号及含义如图 3-5 所示。

刀开关分单极、双极和三极,常用的三极刀开关长期允许通过的电流有 100 A、200 A、400 A、600 A 和 1 000 A 五种。目前生产的产品有 HD(单投) 和 HS(双投) 等系列。

负荷开关是由有快断刀极的刀开关与熔断器组成的铁壳开关,常用来控制小容量电动机的不频繁启动和停止。常用型号有 HH4 系列。

在电气系统中,刀开关用如图 3-6 所示的符号表示,其文字符号用 Q 或 QS 表示。

(3) 刀开关的安装与使用

① 胶盖刀开关必须垂直安装在控制屏或开关板上,不能倒装,即接通状态时手柄朝上,否

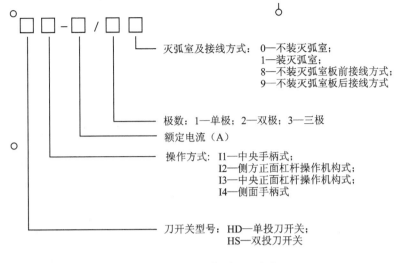

图 3 - 5　刀开关的型号及含义

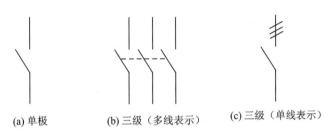

(a) 单极　　　　(b) 三级（多线表示）　　　(c) 三级（单线表示）

图 3 - 6　刀开关的电气符号

则有可能在分断状态时闸刀开关松动落下,造成误接通。

　　② 操作胶盖刀开关时,不能带重负载,因为 HK1 系列瓷底胶盖闸刀开关不设专门的灭弧装置,它仅利用胶盖的遮护防止电弧灼伤。

　　③ 如果要带一般性负载操作,则动作应迅速,使电弧较快熄灭,一方面不易灼伤人手,另一方面也减少电弧对动触头和静夹座的损坏。

　　④ 接线时,将电源线连接在熔丝上端,负载线连接在熔丝下端,拉闸后刀开关与电源隔离,便于更换熔丝。

　　(4) 刀开关的选用

　　刀开关的选择应根据工作电流和电压来选择,如下:

　　① 用于照明电路时可选用额定电压 220 V 或 250 V,额定电流等于或大于电路最大工作电流的两极开关。

　　② 用于电动机的直接启动时可选用额定电压为 380 V 或 500 V,额定电流等于或大于电动机额定电流 3 倍的三极开关。

　　2. 转换开关

　　刀开关作为隔电用的配电电器是恰当的,但在小电流的情况下用它作为线路的接通、断开和换接控制时就显得不太灵巧和方便了,所以,在机床上广泛地用转换开关(又称组合开关)代替刀开关。

转换开关的特点:结构紧凑,占用面积小;操作时不是用手扳动而是用手拧转,故操作方便、省力。

图 3 - 7 所示是一种盒式转换开关结构示意图及实物图,它有许多对动触片,中间以绝缘材料隔开,装在胶木盒里,故称盒式转换开关。它是由一个或数个单线旋转开关叠成的,用公共轴的转动控制。常用型号有 HZ5、HZ10 系列。

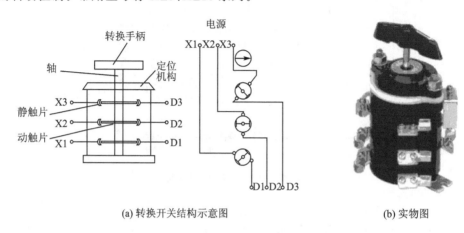

(a) 转换开关结构示意图　　　　　　　　　　(b) 实物图

图 3 - 7　盒式转换开关结构示意图及实物图

转换开关可制成单极和多极的。多极的装置是:当轴转动时,一部分动触片插入相应的静触片中,使对应的线路接通,而另一部分断开,当然也可使全部动、静触片同时接通或断开。因此,转换开关既起断路器的作用,又起转换器的作用。在转换开关的上部装有定位机构,以使触头处在一定的位置上,并使之迅速地转换,而与手柄转动的速度无关。

盒式转换开关除了用作电源的引入开关外,还可用来控制启动次数不多(每小时关合次数不超过 20 次)、7.5 kW 以下的三相鼠笼式感应电动机,有时也用作控制线路及信号线路的转换开关。HZ5 型有单极、双极、三极的,额定电流有 10 A、20 A、40 A 和 60 A 四种。

3.1.2　低压断路器及漏电保护器

1. 低压断路器

低压断路器又称自动开关或空气开关,它相当于刀开关、熔断器、热继电器和欠电压继电器的组合,是一种既有手动开关作用又能自动进行欠压、失压、过载和短路保护的电器。

(1) 低压断路器的结构

常见的低压断路器如图 3 - 8 所示。低压断路器在结构上由主触头及灭弧装置、各种脱扣器、自由脱扣机构和操作机构等部分组成,如图 3 - 9 所示。

1) 主触头及灭弧装置

主触头是断路器的执行元件,用来接通和分断主电路。为提高其分断能力,主触头上装有灭弧装置。

2) 脱扣器

脱扣器是断路器的感受元件,当电路出现故障时,脱扣器感测到故障信号后使断路器主触头分断,从而起到保护作用。按接受故障的不同,有分励脱扣器、欠压失压脱扣器、过电流脱扣器、热脱扣器等。

图 3 - 8 常见的低压断路器

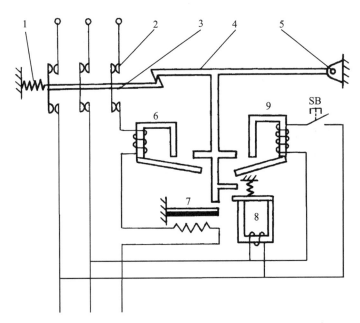

1—分闸弹簧;2—主触头;3—传动杆;4—锁扣;5—轴;
6—过电流脱扣器;7—热脱扣器;8—欠压失压脱扣器;9—分励脱扣器

图 3 - 9 低压断路器的结构

3)自由脱扣机构和操作机构

自由脱扣机构是用来联系操作机构和主触头的机构,当操作机构处于闭合位置时,也可操作分励脱扣机构进行脱扣,将主触头断开。

操作机构是实现断路器闭合、断开的机构。通常电力拖动控制系统中的断路器采用手动操作机构,低压配电系统中的断路器有电磁铁操作机构和电动机操作机构两种。

(2)低压断路器的型号含义及电气符号

低压断路器的型号含义及电气符号如图 3 - 10 所示,其文字符号是 QF。

低压断路器的分类方式很多,如下:

① 按极数分为单极式、二极式、三极式和四极式;

② 按灭弧介质分为空气式和真空式(目前国产多为空气式);

③ 按操作方式分为手动操作、电动操作和弹簧储能机械操作；

④ 按安装方式分为固定式、插入式、抽屉式、嵌入式等；

⑤ 按结构形式分为 DW15、DW16、CW 系列万能式(又称框架式)，以及 DZ5 系列、DZ15 系列、DZ20 系列、DZ25 系列塑壳式低压断路器。低压断路器容量范围很大，最小为 4 A，最大可达 5 000 A。

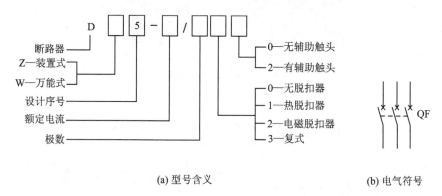

(a) 型号含义　　　　　　　　　　(b) 电气符号

图 3 - 10　低压断路器的型号含义及电气符号

控制线路中，常用塑壳式低压断路器作为电源引入开关或作为控制和保护不频繁启动、停止的电动机开关，以及用于宾馆、机场、车站等大型建筑的照明电路。其操作方式多为手动，主要有扳动式和按钮式两种。

万能式(框架式)低压断路器主要用于供配电系统。

(3)低压断路器的主要技术参数

1)额定电压

低压断路器的额定电压是指与通断能力及使用类别相关的电压值。对多相电路而言，是指相间的电压值。

2)额定电流

低压断路器壳架等级额定电流用尺寸和结构相同的框架或塑料外壳中能装入的最大脱扣器额定电流表示。

低压断路器额定电流是指在规定条件下低压断路器可长期通过的电流，又称为脱扣器额定电流。对带可调式脱扣器的低压断路器而言，是可长期通过的最大电流。

例如，DZ10 - 100/330 型低压断路器壳架额定电流为 100 A，脱扣器额定电流等级有 15 A、20 A、25 A、30 A、40 A、50 A、60 A、80 A、100 A 共计 9 种。其中，最大的额定电流 100 A 与壳架等级额定电流一致。

3)额定短路分断能力

额定短路分断能力是指低压断路器在额定频率和功率因数等规定条件下，能够分断的最大短路电流值。

(4)低压断路器的选用

① 低压断路器的额定电压和额定电流应大于或等于被保护线路的正常工作电压和负载电流。

② 热脱扣器的整定电流应等于所控制负载的额定电流。

③ 过电流脱扣器的瞬时脱扣整定电流应大于负载正常工作时可能出现的峰值电流。用于控制电动机的低压断路器,其瞬时脱扣整定电流为

$$I_Z = KI_{st}$$

式中:K 为安全系数,可取 $1.5 \sim 1.7$;I_{st} 为电动机的启动电流。

④ 欠压脱扣器额定电压应等于被保护线路的额定电压。

⑤ 低压断路器的极限分断能力应大于线路的最大短路电流的有效值。

2. 漏电保护器

漏电保护器(又叫漏电保护开关)是一种电气安全装置。将漏电保护器安装在低压电路中,在电气设备发生漏电或接地故障时,且达到保护器所限定的动作电流值时,漏电保护器能在非常短的时间内立即动作,自动断开电源进行保护。断路器与漏电保护器(脱扣器)两部分合并起来就构成一个完整的漏电断路器,具有过载、短路、漏电保护功能。常见的漏电断路器如图 3-11 所示。

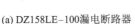
(a) DZ158LE-100漏电断路器

(b) DZ267LE-32漏电断路器

(c) DZ47LE-32漏电断路器

图 3-11　常见漏电断路器

(1) 漏电保护器的结构组成

漏电保护器主要由 3 部分组成:检测元件、中间放大环节、操作执行机构。

① 检测元件:由零序互感器组成,检测漏电电流,并发出信号。

② 中间放大环节:将微弱的漏电信号放大,按装置不同(放大部件可采用机械装置或电子装置),构成电磁式保护器或电子式保护器。

③ 操作执行机构:收到信号后,主开关由闭合位置转换到断开位置,从而切断电源,是被保护电路脱离电网的跳闸部件。

(2) 漏电保护器的工作原理

漏电保护器的工作原理如图 3-12 所示。

当电气设备发生漏电时,出现两种异常现象:

① 三相电流的平衡遭到破坏,出现零序电流;

② 正常时不带电的金属外壳出现对地电压(正常时,金属外壳对地均为零电位)。

漏电保护器通过电流互感器检测取得异常信号,经过中间机构转换传递,使执行机构动作,通过开关装置断开电源。电流互感器的结构与变压器类似,是由两个互相绝缘绕在同一铁芯上的线圈组成。当一次线圈有剩余电流时,二次线圈就会感应出电流。

将漏电保护器安装在线路中,一次线圈与电网的线路相连接,二次线圈与漏电保护器中的

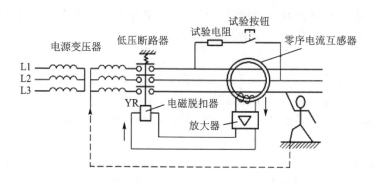

图 3-12　漏电保护器的工作原理示意图

脱扣器连接。当用电设备正常运行时,线路中电流呈平衡状态,互感器中电流矢量之和为零(电流是有方向的矢量,如果按流出的方向为"+",返回方向为"一",在互感器中往返的电流大小相等,方向相反,则正负相互抵销)。由于一次线圈中没有剩余电流,所以不会感应二次线圈,漏电保护器的开关装置处于闭合状态运行。当设备外壳发生漏电并有人触及时,则在故障点产生分流,此漏电电流经人体—大地—工作接地,返回变压器中性点(并未经电流互感器),致使互感器中流入、流出的电流出现了不平衡(电流矢量之和不为零),一次线圈中产生剩余电流,因此便会感应二次线圈,当这个电流值达到该漏电保护器限定的动作电流值时,自动开关脱扣,切断电源。

(3)漏电保护器的主要技术参数与分类

漏电保护器的主要动作性能参数有以下几种:

1)额定漏电动作电流

额定漏电动作电流是指在规定的条件下,使漏电保护器动作的电流值。例如 30 mA 的保护器,当通入电流值达到 30 mA 时,保护器即动作断开电源。

2)额定漏电动作时间

额定漏电动作时间是指从突然施加额定漏电动作电流起,到保护电路被切断的时间。例如 30 mA×0.1 s 的保护器,从电流值达到 30 mA 起,到主触头分离止的时间不超过 0.1 s。

3)额定漏电不动作电流

在规定的条件下,漏电保护器不动作的电流值一般应选漏电动作电流值的 1/2。例如,漏电动作电流为 30 mA 的漏电保护器,在电流值达到 15 mA 以下时,保护器不应动作,否则因灵敏度太高而容易误动作,影响用电设备的正常运行。

4)其他参数

如电源频率、额定电压、额定电流等,在选用漏电保护器时,应与所使用的线路和用电设备相适应。漏电保护器的工作电压要适应电网正常波动范围额定电压,若波动太大,会影响保护器正常工作,尤其是电子产品,电源电压低于保护器额定工作电压时会拒动作。漏电保护器的额定工作电流也要和回路中的实际电流一致,若实际工作电流大于保护器的额定电流,则会造成过载以及使保护器误动作。

漏电保护器的类型有:

① 按动作方式可分为电压动作型和电流动作型;

② 按动作机构可分为开关式和继电器式;

③ 按极数和线数可分为单极二线、二极、二极三线等;

④ 按动作灵敏度可分为高灵敏度(漏电动作电流在 30 mA 以下)、中灵敏度(漏电动作电流为 30~1 000 mA)、低灵敏度(漏电动作电流在 1 000 mA 以上)。

(4) 漏电保护器的选用

选择漏电保护器应根据使用目的和作业条件进行选用。

按使用目的选用如下:

① 以防止人身触电为目的,安装在线路末端,选用高灵敏度、快速型漏电保护器。

② 以防止触电为目的、与设备接地并用的分支线路,选用中灵敏度、快速型漏电保护器。

③ 以防止由漏电引起的火灾,以及保护线路、设备为目的的干线,应选用中灵敏度、延时型漏电保护器。

按供电方式的选用如下:

① 保护单相线路(设备)时,选用单极二线或二极漏电保护器。

② 保护三相线路(设备)时,选用三极产品。

③ 既有三相又有单相时,选用三极四线或四极产品。

(5) 漏电保护器的使用方法

① 在选定漏电保护器的极数时,必须与被保护线路的线数相适应。

② 安装在电度表和熔断器后检查漏电可靠度,定期校验。

漏电保护器的接线应注意如下两点:

① 无论是单相负荷还是三相与单相的混合负荷,相线与零线均应穿过零序电流互感器。

② 安装漏电保护器时,一定要注意线路中中性线 N 的正确接法,即工作中性线一定要穿过零序互感器,而保护零线 PE 绝不能穿过零序互感器。若将保护零线接漏电保护器,则漏电保护器处于漏电保护状态而切断电源,即保护零线一旦穿过零序互感器就再也不能用作保护线。

3.1.3　主令电器

主令电器主要用来接通或断开控制电路,以发布命令或信号,改变控制系统的工作状态。机床上最常见的主令电器为控制按钮、行程开关、主令控制器、万能转换开关等。

1. 控制按钮

控制按钮是一种短时接通或断开小电流电路的电器,它不直接控制主电路的通断,而是在控制电路中发出手动"指令"去控制接触器、继电器等电器,再由它们去控制主电路,故称"主令电器"。

(1) 控制按钮的外形与结构

控制按钮一般由按钮帽、复位弹簧、触头和外壳等部分组成,其实物图和结构示意图如图 3-13 所示。每个控制按钮中的触头形式和数量可根据需要装配成 1 常开 1 常闭到 6 常开 6 常闭等形式。当按下控制按钮时,常闭静触头 3 和动触头 4 先断开,常开静触头 5 和动触头 4 后接通;当松开控制按钮时,在复位弹簧的作用下,动触头 4 和常开静触头 5 先断开,常闭静触头 3 和动触头 4 后闭合。

(2) 控制按钮的型号含义及电气符号

控制按钮的型号含义及电气符号如图 3-14 所示,其文字符号为 SB。

常见控制按钮有 LA 系列和 LAY1 系列。LA 系列控制按钮的额定电压为交流 500 V、直

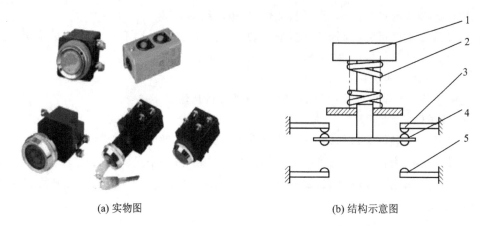

(a) 实物图　　　　　　　　　(b) 结构示意图

1—按钮帽;2—复位弹簧;3—常闭静触头;4—动触头;5—常开静触头

图 3-13　控制按钮的实物图及结构示意图

流440 V,额定电流为 5 A;LAY1 系列控制按钮的额定电压为交流 380 V、直流 220 V,额定电流为 5 A。

(a) 型号含义　　　　　　　　　(b) 电气符号

图 3-14　控制按钮的型号含义及电气符号

　　控制按钮按保护形式分为开启式、保护式、防水式和防腐式等;按结构形式分为嵌压式、紧急式、钥匙式、带信号灯式、带灯揿钮式、带灯紧急式等。控制按钮的颜色有红、黑、绿、黄、白、蓝等,一般红色表示停止按钮,绿色表示启动按钮。

　　控制按钮的主要技术参数有额定电压、额定电流、结构形式、触头数及控制按钮颜色等。常用的控制按钮有 LA18、LA19、LA20、LAY3 等型号。

2. 行程开关

　　行程开关是依据生产机械的行程发出命令,以控制其运动方向和行程长短的一种主令电器。若将行程开关安装于生产机械行程的终点处,用以限制其行程,则称其为限位开关或终端开关。

　　行程开关的电气符号如图 3-15 所示,其文字符号用 SQ 表示。

　　行程开关按结构分为机械结构的接触式行程开关和电气结构的非接触式接近开关。接触式行程开关按其结构可分为直动式、滚动式和微动式 3 种。直动式和滚动式行程开关分别如图 3-16 和图 3-17 所示。

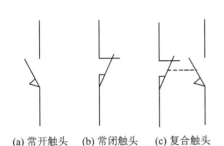

(a) 常开触头　(b) 常闭触头　(c) 复合触头

图 3 - 15　行程开关的电气符号

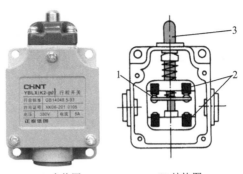

(a) 实物图　　　　(b) 结构图

1—动触头；2—静触头；3—顶杆

图 3 - 16　直动式行程开关

(a) 单轮滚动式行程开关　　　(b) 双轮滚动式行程开关

图 3 - 17　滚动式行程开关

　　接近开关是一种无接触式物体检测装置。当某种物体与之接近到一定距离时就发出"动作"信号,它不需施以机械力。接近开关的用途除了像一般的行程开关一样做行程和限位保护外,还可以用于高速计数、测速、液面控制、检测金属体的存在、检测零件尺寸、用作无触头按钮及用作计算机或可编程控制器的传感器等。

　　接近开关由感应头、高频振荡器、放大器和外壳组成。当运动部件与接近开关的感应头接近时,就使其输出一个电信号,其常开触头闭合,常闭触头断开。

　　接近开关按供电方式可分为直流型和交流型,按输出形式又可分为直流两线制、直流三线制、直流四线制、交流两线制和交流三线制。常见接近开关的实物图和电气符号如图 3 - 18 所示。

3. 主令控制器

　　主令控制器与万能转换开关广泛应用在控制线路中,以满足需要多联锁的电力拖动系统的要求,实现转换线路的遥远控制。

　　主令控制器又名主令开关,它的主要部件是一套接触元件,其中的一组如图 3 - 19 所示,

(a) 实物图   (a) 电气符号

图 3-18　接近开关的实物图及电气符号

具有一定形状的凸轮 1 和 7 固定在方形轴 14 上。与静触头 3 和 9 相连的接线头 2 上连接被控制器所控制的线圈导线。桥形动触头 4 和 10 固定于能绕轴 6 转动的支杆 5 和 11 上。当转动凸轮 7 的轴时,使其凸出部分推压小轮 8 并带动支杆 5,于是静触头 9 和桥形动触头 10 被打开,按照凸轮的形状不同,可以获得触头闭合、打开的任意次序,从而达到控制多回路的要求。它最多有 12 个接触元件,能控制 12 条电路。

常用的主令控制器有 LK14、LK15 和 LK16 型。

4. 万能转换开关

万能转换开关是由多组相同结构的触头组件叠装而成的多挡位多回路的主令电器,用于各种低压控制电路的转换、电气测量仪表的转换以及配电设备的遥控和转换,也可用于小型电动机的启动和调速。常用的有 LW5、LW6 型,结构如图 3-20 所示,主要由操作机构、面板、手柄及数个触头组成。在每层触头底座上均可安装 3 对触头,并由触头底座中的凸轮经转轴来控制这 3 对触头的通断。由于各层凸轮可做成不同的形状,这样用手柄将开关转至不同的位置时,经凸轮的作用,可实现各层中的各触头按规定的规律接通或断开,以适应不同的控制要求。

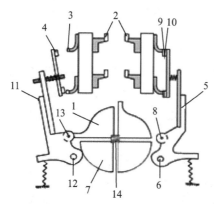

1、7—凸轮；2—接线头；3、9—静触头；4、10—桥形动触头；
5、11—支杆；6、12—轴；8、13—小轮；14—方形轴

图 3-19　主令控制器原理示意图

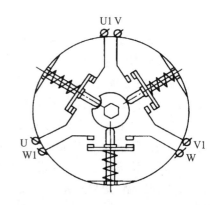

图 3-20　万能转换开关的结构示意图

另外,机床上有时用到的十字形转换开关 LS1 型也属主令电器,这种开关用在多电动机控制的机床上,用它控制各电动机的动作。例如,C5341J1 立式车床上就用到这种开关。十字形转换开关的安装应使其手柄动作的方向与所要引起的动作一致,以便于控制而减少误动作。

还有凸轮控制器和平面控制器,主要用于电气传动控制系统中,变换主回路或励磁回路的接法和电路中的电阻,以控制电动机的启动、换向、制动及调速。常用的凸轮控制器有 KT10、KT12 型,平面控制有 KP5 型。

3.2 熔断器

熔断器俗称保险丝,广泛应用于低压配电系统和控制系统及用电设备中,是一种当电流超过规定值一定时间后,以其本身产生的热量使熔体熔化而分断电路的电器。其主体是低熔点的金属丝或金属薄片制成的熔体,串联在被保护的电路中,正常情况下相当于一根导线,当发生短路或过载时因电流增大而被熔断,切断电路,从而保护电路。

1. 熔断器的结构与分类

熔断器主要由熔体、熔管、填料和导电部件等组成。熔体是熔断器的主要部分,常做成丝状、片状、带状或笼状。其材料有两类:一类为低熔点材料,如铅、锡的合金,锑、铝合金,锌等;另一类为高熔点材料,如银、铜、铝等。当熔断器串联接入电路时,负载电流流经熔体,当电路发生短路或过电流时,熔体发热严重,当达到熔体金属熔化温度时就会自行熔断,期间伴随着燃弧和熄弧过程,随之切断故障电路,起到保护作用。当电路正常工作时,熔体在额定电流下不应熔断,所以其最小熔化电流必须大于电路额定电流。目前广泛应用的填料是石英砂,主要有两个作用:作为灭弧介质和帮助熔体散热。

熔断器的种类很多,按结构来分有半封闭式、瓷插式、螺旋式、无填料密封管式和有填料密封管式,按用途分有一般工业用熔断器、半导体保护用快速熔断器和特殊熔断器。图 3-21 所示为常见螺旋式熔断器的内部结构和实物图。

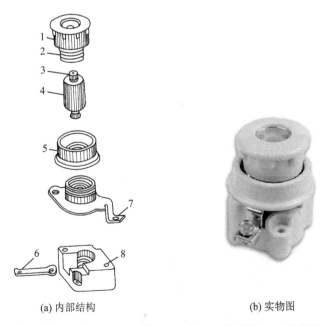

(a) 内部结构　　　　　　　　(b) 实物图

1—瓷帽;2—金属螺管;3—指示器;4—熔管;5—瓷套;6—下接线端;7—上接线端;8—瓷座

图 3-21　螺旋式熔断器的内部结构及实物图

2. 熔断器的型号含义及电气符号

熔断器的型号含义及电气符号如图 3-22 所示。

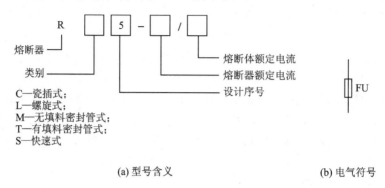

(a) 型号含义   (b) 电气符号

图 3-22　熔断器的型号含义及电气符号

3. 熔断器的选用

熔断器的选用主要考虑其类型、额定电压、额定电流和熔体额定电流等。

（1）熔断器类型的选择

熔断器的类型主要根据负载的保护特性和短路电流大小来选择。

用于保护照明电路和电动机的熔断器，一般考虑过载保护，要求其熔化系数适当小些。对于大容量的照明线路和电动机，除考虑过载保护外，还应考虑短路时的分断短路电流能力。

（2）熔断器额定电压的选择

熔断器的额定电压应大于或等于所接电路的额定电压。

（3）熔体、熔断器额定电流的选择

熔体额定电流大小与负载大小、负载性质有关。对于负载平稳无冲击电流的照明电路、电热电路等可按负载电流大小来确定熔体的额定电流；对于有冲击电流的电动机负载，为起到短路保护作用，又保证电动机的正常启动，一般按电动机额定电流的 1.5～2.5 倍来选择。

当熔体额定电流确定后，根据熔断器额定电流大于或等于熔体额定电流的原则来确定熔断器额定电流。

（4）熔断器额定电流的校验

对选定的熔断器还需校验其保护特性，看与保护对象的过载特性是否有良好的配合。同时，熔断器的极限分断能力应大于或等于保护电路可能出现的短路电流值，这样才可获得可靠的短路保护。

3.3　接触器

接触器是在外界输入信号控制下自动接通或断开带有负载的主电路（如电动机）的自动控制电器，利用电磁力来断开或闭合开关。接触器适用于频繁操作（高达每小时 1 500 次）、远距离控制强电流的电路，并具有低压释放的保护性能、工作可靠、寿命长（机械寿命达 2 000 万次，电寿命达 200 万次）和体积小等优点。常用的接触器如图 3-23 所示。

接触器是继电器-接触器控制系统中最重要和常用的元件之一，它的工作原理如图 3-24 所示。

图 3 - 23　常用的接触器

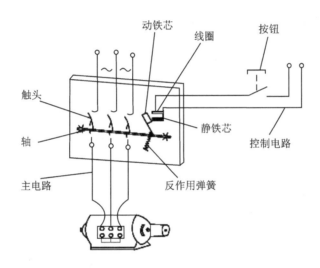

图 3 - 24　接触器的工作原理

　　当按下按钮时,线圈通电,铁芯被磁化,把衔铁吸上,带动转轴使触头闭合,从而接通电路。当释放按钮时,过程与上述相反,使电路断开。

　　根据主触头所接回路的电流种类,接触器分为交流和直流两种。

1.交流接触器

(1)交流接触器的结构

　　交流接触器由电磁机构、触头系统、灭弧装置、释放弹簧、触头弹簧、触头压力弹簧、支架及底座等组成,其结构示意图及实物图如图 3 - 25 所示。

1)电磁机构

　　电磁机构是电器的感测部分,其作用是将电磁能转换为机械能,带动触头使之接通或断开。电磁机构主要由线圈、铁芯和衔铁组成,其中铁芯和线圈固定不动,衔铁可以移动。由于交流接触器的线圈一般通入交流电,交流磁场中存在磁滞和涡流损失,将导致铁芯发热,因此铁芯和衔铁采用电工钢片叠压制成。同时,在铁芯极面上安装有分磁环以减少机械振动和噪声。

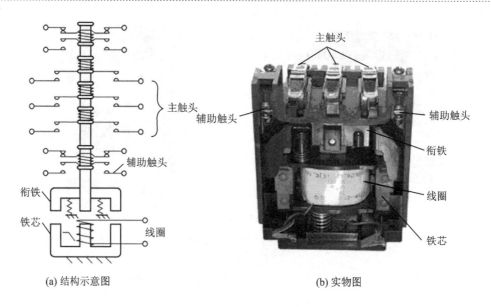

<table>
<tr><td>(a) 结构示意图</td><td>(b) 实物图</td></tr>
</table>

图 3-25　交流接触器的结构示意图及实物图

2）触头（点）系统

触头是接触器的执行系统，其作用是接通或断开电路。交流接触器一般采用双断点桥式触头，有 3 对主触头，连接在主电路中，起接通或断开主电路的作用，允许通过较大电流。辅助触头连接在控制回路中，完成一定的控制要求（如自锁、互锁等），只允许通过较小的电流。其中，线圈未通电时触头处于断开状态的触头称为常开触头，而处于闭合状态的触头称为常闭触头。

3）灭弧装置

交流接触器在断开大电流电路时，一般会在动、静触头之间产生强烈的电弧。电弧一方面烧蚀触头，降低接触器的使用寿命和工作的可靠性；另一方面会使触头的分断时间延长，严重时会引起火灾或其他事故。因此，应采取适当的灭弧措施。

容量较小（10 A 以下）的交流接触器一般采用双断触头和电动力灭弧，容量较大（20 A 以上）的交流接触器一般采用灭弧栅灭弧。

（2）交流接触器的工作原理

当接触器线圈通电后，在铁芯中产生磁通及电磁吸力，此电磁吸力克服弹簧弹力使得衔铁吸合，带动触头机构动作，常闭触头断开，常开触头闭合，互锁或接通线路；当线圈失电或线圈两端电压显著降低时，电磁吸力小于弹簧弹力，使得衔铁释放，触头机构复位，解除互锁或断开线路。

2. 直流接触器

直流接触器主要用以控制直流电路（主电路、控制电路和励磁电路等），它的组成部分和工作原理同交流接触器一样。目前常用的 CZO 系列的直流接触器原理结构如图 3-26 所示。

由于直流接触器的吸引线圈通以直流，不会因为涡流的作用而导致铁芯发热，所以直流接触器的铁芯可采用整块铸钢制成。另外，直流接触器没有冲击的启动电流，也不会产生铁芯猛烈撞击现象，因而它的寿命长，适用于频繁启动、制动的场合。

3. 接触器的型号含义和电气符号

接触器的型号含义如图 3-27 所示。

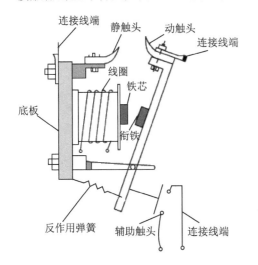

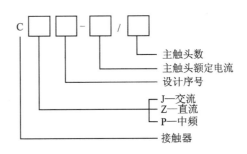

图 3-26　CZO 系列的直流接触器的原理结构　　　图 3-27　接触器的型号含义

常用的交流接触器有 CJ20、CJX1、CJX2 等系列,直流接触器有 CZ18、CZ21、CZ22、CZ10、CZ2 等系列。

接触器的电气符号如图 3-28 所示,其文字符号用 KM 表示。

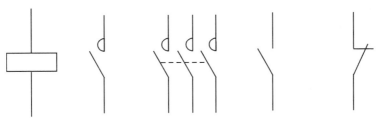

(a)线圈　(b)主触头(单极)　(c)主触头(三极)　(d)常开辅助触头　(e)常闭辅助触头

图 3-28　接触器的电气符号

4. 接触器的主要技术参数

① 额定电压。接触器铭牌上的额定电压是指主触头的额定电压,交流有 220 V、380 V、500 V;直流有 110 V、220 V、440 V。

② 额定电流。接触器铭牌上的额定电流是指主触头的额定电流,有 5 A、10 A、20 A、40 A、60 A、100 A、150 A、250 A、400 A、600 A。

③ 吸引线圈额定电压。交流有 36 V、110 V、220 V、380 V;直流有 24 V、48 V、220 V、440 V。

④ 通断能力。通断能力可分为最大接通电流和最大分断电流。最大接通电流是指触头闭合时不会造成触头熔焊时的最大电流值;最大分断电流是指触头断开时能可靠灭弧的最大电流。一般情况下,通断能力是额定电流的 5~10 倍,当然,这一数值与电路的电压等级有关,电压越高,通断能力越小。

⑤ 电气寿命和机械寿命。接触器的电气寿命是按规定使用类别的正常操作条件下,不需修理或更换零件的负载操作次数。目前接触器的机械寿命已达 1 000 万次以上,电气寿命是

机械寿命的 5%～20%。

⑥ 额定操作频率。额定操作频率(次/时)是指允许每小时接通的最多次数。交流接触器最高为 600 次/时,直流接触器可高达 1 200 次/时。

5. 接触器的选用

① 接触器主触头的额定电压应大于或等于被控电路的额定电压。

② 接触器主触头的额定电流应大于或等于 1.3 倍的电动机的额定电流。

③ 接触器线圈额定电压选择。当线路简单、使用电器较少时,可选用 220 V 或 380 V;当线路复杂、使用电器较多或场所不太安全时,可选用 36 V 或 110 V。

④ 接触器的触头数量、种类应满足控制线路要求。

⑤ 操作频率的选择。当通断电流较大及通断频率超过规定数值时,应选用额定电流大一级的接触器型号,否则会使触头严重发热,甚至熔焊在一起,造成电动机等负载缺相运行。

3.4 继电器

虽然接触器已将电动机的控制由手动变为自动,但还不能满足复杂生产工艺过程自动化的要求,如对大型龙门刨床的工作,不仅要求工作台能自动地前进和后退,而且要求前进和后退的速度不同,能自动地减速和加速。对于这些要求,必须要有整套自动控制设备才能满足,而继电器就是这种控制设备中的主要元件。

继电器实质上是一种传递信号的电器,它可以根据输入的信号达到不同的控制目的。

继电器按检测信号的不同可分为:电压继电器、电流继电器、速度继电器、压力继电器、热继电器和时间继电器等。

按作用原理的不同可以分为:电磁式继电器、电子式继电器、机械式继电器、感应式继电器和电动式继电器等。

由于电磁式继电器具有工作可靠、结构简单、制造方便、寿命长等一系列的优点,故在机床电气传动系统中应用得最为广泛,约有 90%以上的继电器是电磁式的。

继电器一般用来接通和断开控制电路,故电流容量、触头、体积都很小,只有当电动机的功率很小时,才可用某些中间继电器来直接接通和断开电动机的主电路。

电磁式继电器有直流和交流之分,它们的主要结构和工作原理与接触器基本相同,它们各自又可分为电流、电压、中间、时间继电器等,而且同一型号中可有这几种继电器。

继电器的型号含义如图 3-29 所示。

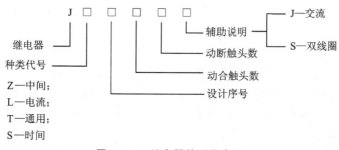

图 3-29 继电器的型号含义

3.4.1 电流继电器

电流继电器主要用于电动机、发电机或其他负载的过载及短路保护,直流电动机磁场控制或失磁保护等。

电流继电器的线圈串联接入主电路,用来感测主电路的电流,其特点是:线圈匝数少,线径较粗,能通过较大电流,触头接于控制电路,为执行元件。

电流继电器反映的是电流信号,常用的电流继电器有欠电流继电器和过电流继电器两种。

欠电流继电器:当正常工作时,继电器线圈流过负载额定电流,衔铁吸和动作,其常开触头闭合;当负载电流降至继电器释放电流时(通常可设定),衔铁释放,带动触头复位。欠电流继电器常用常开触头连接在电路中,起欠电流保护作用。

过电流继电器:当正常工作时,继电器线圈流过负载额定电流,衔铁不动作;当负载电流超过额定电流一定值时(通常可设定),衔铁被吸和,带动触头动作,其常闭触头断开。过电流继电器常用常闭触头连接在电路中,起过电流保护作用。

在电气传动系统中,用得较多的电流继电器有 JL14、JL15 等型号。选择电流继电器时主要根据电路的电流种类和额定电流大小来选择。

电流继电器的常见实物图及电气符号如图 3 - 30 所示,其文字符号用 KA 表示。

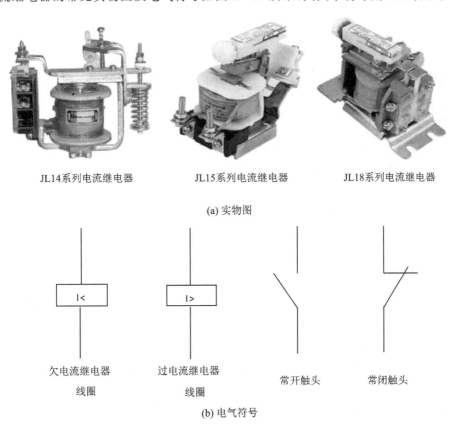

JL14系列电流继电器   JL15系列电流继电器   JL18系列电流继电器

(a) 实物图

| 欠电流继电器 | 过电流继电器 | 常开触头 | 常闭触头 |
| 线圈 | 线圈 | | |

(b) 电气符号

图 3 - 30 电流继电器

3.4.2 电压继电器

电压继电器用于电力拖动系统的电压保护和控制。

电压继电器线圈并联接入主电路,感测主电路的电压,其特点是:线圈匝数多,导线细,触头接于控制电路,为执行元件。

按吸合电压的大小来分,电压继电器可分为欠电压继电器和过电压继电器。

欠电压继电器:当被保护电路电压正常时,衔铁可靠吸合,其常开触头闭合;当被保护电路电压降至欠电压继电器的释放整定值时,衔铁释放,触头机构复位,控制接触器及时分断被保护电路。一般将常开触头串联在控制回路中,起欠电压保护作用。

过电压继电器:当被保护电路电压正常时,衔铁不吸和;当被保护电路电压高于额定电压达到一定值时,衔铁吸和,其常闭触头断开,及时分断被保护电路。一般将常闭触头串联在控制回路中,起过电压保护作用。

电压继电器的线圈与负载并联,反映负载的电压值。

在机床电气传动系统中常用的电压继电器有 JT3、JT4、JT18 型。电压继电器是根据线路电压的种类和大小来选择的。

电压继电器的常见实物图及电气符号如图 3-31 所示,其文字符号用 KV 表示。

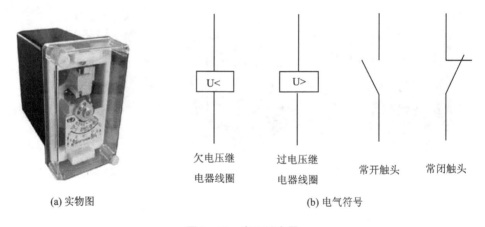

(a) 实物图   (b) 电气符号

图 3-31 电压继电器

3.4.3 中间继电器

中间继电器本质上是电压继电器,但其还具有触头多(多至 6 对或更多)、触头能承受的电流较大(额定电流 5~10 A)、动作灵敏(动作时间小于 0.05 s)等特点。

它的用途有两个,如下:

① 用作中间传递信号,当接触器线圈的额定电流超过电压或电流继电器触头所允许通过的电流时,可用中间继电器作为中间放大器来控制接触器;

② 同时控制多条线路。

在机床电气控制系统中常用的中间继电器除了 JT3、JT4 型外,目前用得最多的是 JZ7 型和 JZ8 型中间继电器。在可编程序控制器和仪器仪表中还用到各种小型继电器。

当选用中间继电器时,主要是根据控制线路所需触头的多少和电源电压的等级。

中间继电器的电气符号和实物图如图 3-32 所示,其文字符号用 K 表示。

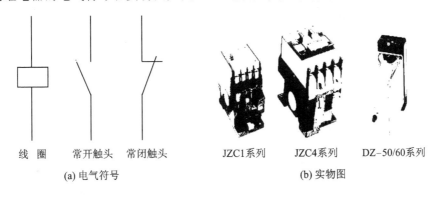

| 线 圈 | 常开触头 | 常闭触头 | JZC1系列 | JZC4系列 | DZ-50/60系列 |

(a) 电气符号　　　　　　　　　(b) 实物图

图 3-32　中间继电器

3.4.4　时间继电器

继电器输入信号输入后,经过一定的延时才有输出信号的继电器称为时间继电器。常见时间继电器的实物图和型号含义如图 3-33 所示。

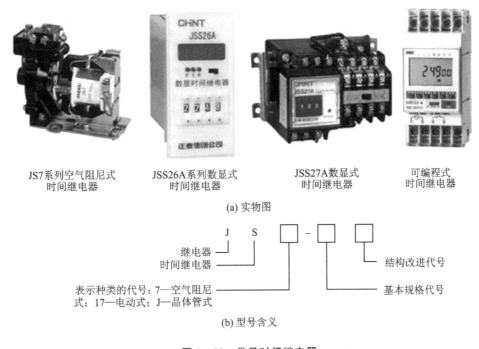

JS7系列空气阻尼式　　JSS26A系列数显式　　JSS27A数显式　　可编程式
时间继电器　　　　时间继电器　　　　时间继电器　　时间继电器

(a) 实物图

继电器 — J
时间继电器 — S
表示种类的代号:7—空气阻尼式;17—电动式;J—晶体管式
结构改进代号
基本规格代号

(b) 型号含义

图 3-33　常见时间继电器

时间继电器种类很多,按工作原理可分为电磁阻尼式、空气阻尼式、电动机式和电子式等,按延时方式可分为通电延时型和断电延时型。对于通电延时型,当接收输入信号后延迟一定时间,输出信号才发生变化;当输入信号消失时,输出瞬时复原。对于断电延时型,当接收输入信号时,瞬时产生输出变化;当输入信号消失时,延迟一定时间,输出信号才复原。本小节仅介绍常用的空气阻尼式时间继电器。

1. 空气阻尼式时间继电器的结构及工作原理

以 JS7 - A 系列空气阻尼式时间继电器为例分析其工作原理,其结构如图 3 - 34 所示。现以通电延时型时间继电器为例进行分析。当线圈 1 通电后,衔铁 3 吸和,活塞杆 6 在塔形弹簧 7 的作用下带动活塞 13 及橡皮膜 9 向上移动,橡皮膜下方空气室变得稀薄,形成负压,活塞杆只能缓慢移动,其移动速度由进气孔气隙的大小决定。经一段延时后,活塞杆通过杠杆 15 压动微动开关 14,使其触头动作,起到通电延时的作用。

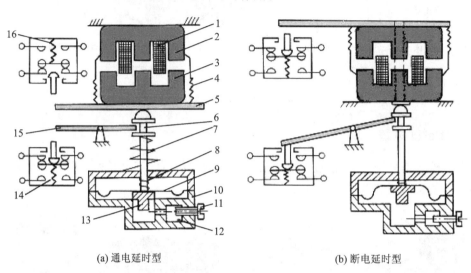

(a) 通电延时型　　　　　　　　(b) 断电延时型

1—线圈;2—铁芯;3—衔铁;4—反力弹簧;5—推板;6—活塞杆;7—塔形弹簧;8—弱弹簧;
9—橡皮膜;10—空气室壁;11—调节螺钉;12—进气孔;13—活塞;14、16—微动开关;15—杠杆

图 3 - 34　JS7 - A 系列空气阻尼式时间继电器的结构原理图

当线圈断电时,衔铁释放,橡皮膜下方空气室内的空气通过活塞肩部所形成的单向阀迅速排出,使活塞杆、杠杆、微动开关迅速复位。由线圈通电至触头动作的一段时间即为时间继电器的延时时间,延时长短可通过调节螺钉 11 来调节进气孔气隙的大小来改变。

微动开关 16 在线圈通电或断电时,在推板 5 的作用下都能瞬时动作,其触头为时间继电器的瞬动触头。

空气阻尼式时间继电器具有结构简单、延时范围较大、价格低的优点,但其延时精度较低,没有调节指示,适用于延时精度要求不高的场合。

常见的空气阻尼式时间继电器如图 3 - 35 所示。

图 3 - 35　常见的空气阻尼式时间继电器

2. 时间继电器的电气符号

时间继电器的电气符号如图 3 - 36 所示,其文字符号用 KT 表示。

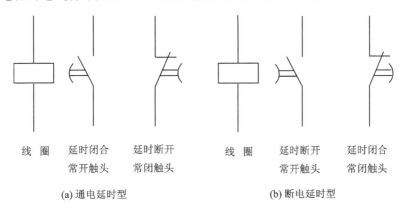

| 线　圈　　延时闭合　　延时断开　　　线　圈　　延时断开　　延时闭合 |
| 常开触头　　常闭触头　　　　　　常开触头　　常闭触头 |

(a) 通电延时型　　　　　　　　　　(b) 断电延时型

图 3 - 36　时间继电器的电气符号

3. 时间继电器的选用

① 根据控制电路对延时触头的要求选择延时方式,即通电延时型或断电延时型。

② 根据延时范围和精度要求选择时间继电器类型。

③ 根据使用场合、工作环境选择时间继电器类型。在延时精度不高的场合,可选用空气阻尼式时间继电器;在要求延时精度高、延时范围较大的场合,可选用晶体管式时间继电器。目前电气设备中较多使用晶体管式时间继电器。

3.4.5　速度继电器

1. 速度继电器的结构和工作原理

图 3 - 37 所示为速度继电器的实物图及结构示意图。从结构上看,与交流电动机类似,速度继电器主要由定子、转子和触头 3 部分组成。定子的结构与鼠笼式异步电动机相似,是一个笼型空心圆环,由硅钢片冲压而成,并装有笼型绕组。转子是一个圆柱形永久磁铁。

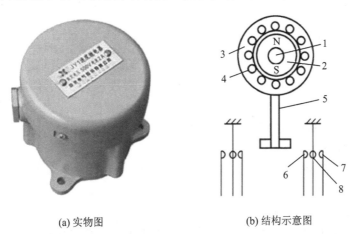

(a) 实物图　　　　　　　　　　(b) 结构示意图

1—转轴;2—转子;3—定子;4—笼型导条;5—杠杆;6—常闭触头;7—常开触头;8—动触头

图 3 - 37　速度继电器的实物图及结构示意图

速度继电器的轴与电动机的轴相连接,转子固定在轴上,定子与轴同心。当电动机转动时,速度继电器的转子随之转动,绕组切割磁场产生感应电动势和电流,此电流和永久磁铁的磁场作用产生转矩,使定子向轴的转动方向偏摆,通过摆锤拨动触头,使常闭触头断开、常开触头闭合。当电动机转速下降到接近零时,转矩减小,摆锤在弹簧力的作用下恢复原位,触头也复位。

2. 速度继电器的电气符号

速度继电器的电气符号如图 3 - 38 所示,其文字符号是 KS。

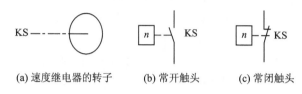

(a) 速度继电器的转子　　　(b) 常开触头　　　(c) 常闭触头

图 3 - 38　速度继电器的电气符号

3.4.6　热继电器

热继电器是根据控制对象的温度变化来控制电流流通的继电器,即是利用电流的热效应而动作的电器。它主要用来保护电动机的过载。当电动机工作时,是不允许超过额定温升的,否则会减少电动机的寿命。熔断器和过电流继电器只能保护电动机不超过允许最大电流,不能反映电动机的发热状况。电动机短时过载是允许的,但长期过载时电动机就要发热,因此,必须采用热继电器进行保护。

1. 热继电器的结构及工作原理

图 3 - 39 所示是双金属片式热继电器的结构示意图,动作原理如下:

当电动机正常运行时,热元件产生的热量虽能使双金属片弯曲,但还不足以使热继电器的触头动作。当电动机过载时,流过电阻丝 2 的电流增大,使主双金属片 1 向左膨胀,弯曲位移增大,推动导板 3,并通过补偿双金属片 4 与推杆 6 将静触头 7 与动静头 8 分开,此常闭触头串接在接触器线圈电路中,触头分开后,接触器线圈断电,使得连接在电动机主回路中的接触器主触头断开,实现电动机的过载保护。热继电器动作后,要等主双金属片冷却后自动复位或手动按下复位按钮复位。

调节凸轮 10 用来改变补偿双金属片与导板间的距离,达到调节整定动作电流的目的。此外,调节复位螺钉 5 可改变常开触头的位置,使热继电器工作在手动复位或自动复位两种工作状态下。当调试手动复位时,在故障排除后需按下复位按钮 9 才能使常闭触头闭合。

2. 热继电器的电气符号

热继电器的电气符号及实物图如图 3 - 40 所示,其文字符号用 FR 表示。

3. 热继电器的选用

目前常用的热继电器有 JR14、JR15、JR16 等系列。使用热继电器时要注意以下几个问题:

① 为了正确地反映电动机的发热,在选择热继电器时应采用适当的热元件,当热元件的额定电流与电动机的额定电流相等时,继电器便能准确地反映电动机的发热。

② 注意热继电器所处的周围环境温度,应保证它与电动机有相同的散热条件,特别是有温度补偿装置的热继电器。

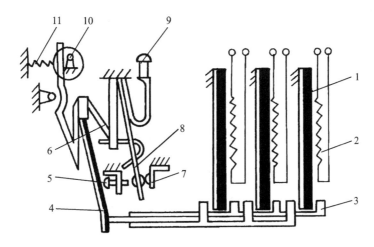

1—主双金属片;2—电阻丝;3—导板;4—补偿双金属片;5—复位螺钉;6—推杆;
7—静触头;8—动触头;9—复位按钮;10—调节凸轮;11—弹簧

图 3 – 39　双金属片式热继电器的结构示意图

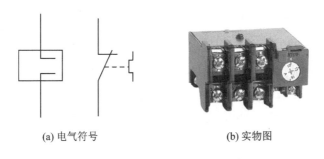

(a) 电气符号　　　　　　　　(b) 实物图

图 3 – 40　热继电器的电气符号及实物图

③ 由于热继电器有热惯性,大电流出现时它不能立即动作,故热继电器不能用作短路保护。

④ 一般轻载启动、长期工作的电动机或间断长期工作的电动机,选择两相结构的热继电器;电源电压的均衡性和工作环境较差或较少有人照管的电动机,或多台电动机的功率差别较大时,可选择三相结构的热继电器;而三角形联结的电动机应选用带断相保护装置的热继电器。

⑤ 热继电器的整定电流是指热继电器长期不动作的最大电流,超过此值即动作。一般将热继电器的整定电流调整到等于电动机的额定电流;对过载能力差的电动机,可将热继电器的整定电流调整到电动机额定电流的 $0.6 \sim 0.8$ 倍;对启动时间较长、拖动冲击性负载或不允许停车的电动机,热继电器的整定电流应调整到电动机额定电流的 $1.1 \sim 1.15$ 倍。

3.5　执行电器

在电力拖动控制系统中,除了用到上面已经介绍的作为控制元件的接触器、继电器和主令电器等控制电器外,还常用到为完成执行任务的电磁铁、电磁离合器、电磁工作台等执行电器。

3.5.1　电磁铁

广义而言,电磁铁是一种通电以后,对铁磁物质产生引力,把电磁能转换为机械能的电器。而这里介绍的电磁铁是指将电流信号转换成机械位移的执行电器。它的工作原理与接触器相同,它只有铁芯和线圈。图 3-41 所示为单相交流电磁铁的结构示意图。

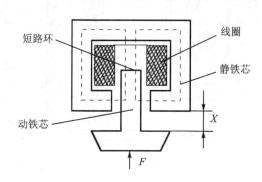

图 3-41　单相交流电磁铁的结构示意图

当交流电磁铁在线圈通电,吸引衔铁而减少气隙时,由于磁阻减小,线圈内自感电势和感抗增大,因此,电流逐渐增大,但与此同时气隙漏磁通减小,主磁通增加,其吸力将逐步增大,最后将达到 1.5~2 倍的初始吸力。

由此可以看出,使用这种交流电磁铁时,必须注意使衔铁不要有卡住现象,否则衔铁不能完全吸上而留有一定气隙将使线圈电流大增而严重发热甚至烧毁。交流电磁铁适用于操作不太频繁、行程较大的执行机构,常用的交流电磁铁有:MQ2 系列牵引电磁铁、MZD1 系列单相制动电磁铁和 MZS1 系列三相制动电磁铁。

直流电磁铁的线圈电流与衔铁位置无关,但电磁吸力与气隙长度关系很大,所以,衔铁工作行程不能很大;由于线圈电感大,线圈断时会产生过高的自感电势,故使用时要采取措施消除自感电势(常在线圈两端并联一个二极管或电阻)。直流电磁铁的工作可靠性好、动作平衡、寿命比交流电磁铁长,适用于运用频繁或工作平衡可靠的执行机构。常用的直流电磁铁有:MZZ1A、MZZ2S 系列直流制动电磁铁,MW1、MW2 系列起重电磁铁。

采用电磁铁制动电动机的机械制动方法,对于经常制动和惯性较大的机械系统来说,应用得非常广泛,常称为电磁抱闸制动。

起重电磁铁可以起重各种钢铁、分散的钢砂等磁性物体,如 MW1-45 型直流起重电磁铁在起重钢板时起重力可达到 4.4×10^5 N。

选用电磁铁时,应根据机械所要求的牵引力、工作行程、通电持续率、操作频率等来选择。

3.5.2　电磁离合器

电磁离合器是利用表面摩擦或电磁感应来传递两个转动体间转矩的执行电器。由于能够实现远距离操纵,控制能量小,便于实现机床自动化,同时动作快,结构简单,因此获得了广泛的应用。常用的电磁离合器有摩擦片式电磁离合器、电磁粉末离合器、电磁转差离合器。

在机床上广泛采用多片式的摩擦片式电磁离合器,摩擦片做成如图 3-42 所示的特殊形状,摩擦片数在 2~12 之间。多片式的摩擦片式电磁离合器的缺点是:制造工艺复杂,不能满足迅速动作的要求,因它在接合过程中必须具有机械移动过程。常用的电磁离合器有 DLM0、DLM2、DLM3 系列。

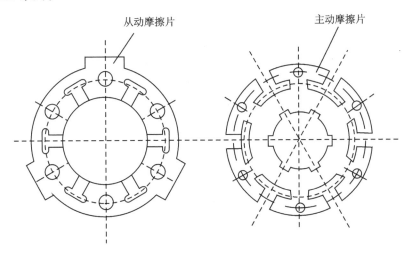

图 3-42 多片式的摩擦片式电磁离合器的摩擦片

电磁粉末离合器的工作原理图如图 3-43 所示。在铁芯气隙间安放铁粉,当线圈通电产生磁通后,粉末就沿磁力线紧紧排列,因此,主动轴和从动轴发生对移动时,在铁磁粉末层间就产生抗剪力。抗剪力是由已磁化的粉末彼此之间摩擦而产生的,这样就带动从动轴转动,传递转矩。它的优点是:动作快,因为没有如摩擦片的机械位移过程,仅有粉末沿磁力线排列的过程;制造简单,在工艺上没有特殊的严格要求。其缺点是:工作性能不够稳定。

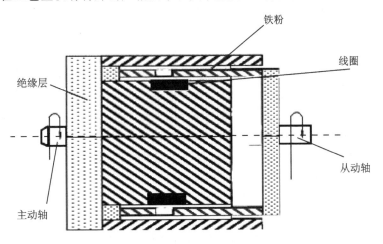

图 3-43 电磁粉末离合器的工作原理图

除上述利用摩擦原理制成的电磁离合器外,还有利用电磁感应原理制成的电磁转差离合器(又称滑差离合器)。

3.5.3 电磁工作台

电磁工作台的结构形式之一如图 3-44 所示。

在电磁工作台平面内嵌入铁芯极靴,并用锡合金等绝磁材料与工作台相隔,线圈套在各铁

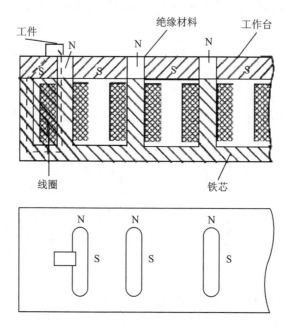

图 3-44 电磁工作台的结构形式

芯柱上,当线圈中通有直流电流时就产生如图 3-44 中虚线所示的磁通,工件放在工作台上恰使磁通成闭合回路,因此将工件吸住。当工件加工完毕需要拉开时,只要将电磁工作台励磁线圈的电源切断即可。

电磁工作台较之机械夹紧装置具有许多优点:

① 夹紧简单、迅速、缩短辅助时间,夹紧工件时只需动作一次,而机械夹紧需要固定许多点。

② 能同时夹紧许多工件,而且可以是很小的工件,既方便又能提高生产率。

③ 加工精度高,工件在加工过程中由于发热变形时可以自由伸缩,不会产生弯曲,同时对夹紧表面无任何损伤;但因工件发热,其热量将传到电磁工作台使其变形,从而影响加工精度,故为了提高加工精度,还需用冷却液等冷却工件,降低工件温度。

电磁工作台的缺点是:只能固定铁磁材料,且夹紧力不大,断电时易将工件摔出,造成事故,为了防止事故,常采用励磁保护,当线圈断电时,工作台即停止工作;此外,工件加工后有剩磁,使工件不易取下,尤其对某些不允许有剩磁的工件如轴承,必须进行去磁。

去磁的方法常有两种:

① 为了容易取下工件,常在线圈中通一反方向的去磁电流;

② 为了比较彻底地除去工件的剩磁,需另用退磁器,常用的退磁器为 TC-1 型。

电磁工作台尚有永磁式的,它不会有断电将工件摔出的危险。

在电气传动系统中电磁铁、电磁离合器和电磁夹具的文字符号分别用 YA、YC 和 YH 表示,它们的图形符号与接触器线圈的符号相同,仅是线条稍粗一些。

复习思考题

3-1　试说出转换开关的特点。当用转换开关来控制电动机正、反转时,应注意什么问题?

3-2　低压断路器具有哪些保护功能? 用低压断路器控制电动机,与采用刀开关和熔断器的控制、保护方式相比,有何优缺点?

3-3　简述漏电保护器的工作原理。它与低压断路器的工作原理有何区别?

3-4　行程开关与接近开关的工作原理有何不同?

3-5　熔断器的额定电流、熔体的额定电流、熔体的极限分断电流三者之间有何区别?

3-6　交流接触器与直流接触器有哪些不同?

3-7　交流电磁线圈误接入对应直流电源,直流电磁线圈误接入对应交流电源,将发生什么问题? 为什么?

3-8　如何选用接触器?

3-9　电压继电器与电流继电器的主要区别是什么? 可否相互替代?

3-10　能否用过电流继电器来作为电动机的过载保护? 为什么?

3-11　过电压继电器、过电流继电器的作用是什么?

3-12　中间继电器与接触器有何不同? 在什么条件下可用中间继电器代替接触器启动电动机?

3-13　空气阻尼式时间继电器由哪几部分组成? 简述其工作原理。

3-14　速度继电器的释放转速应如何调整?

3-15　既然在电动机的主电路中装有熔断器,为什么还要装热继电器? 装有热继电器是否就可以不装熔断器?

3-16　星形接法的三相异步电动机能否采用两相热继电器来作为断相与过载保护? 为什么?

3-17　三角形接法的三相异步电动机为何必须采用三相带断相保护的热继电器来作为断相与过载保护?

3-18　在交流电磁铁与直流电磁铁工作时,电磁吸力有何区别?

3-19　简述电磁粉末离合器的工作原理。

3-20　简述电磁工作台的优缺点。

第4章 电气控制基本原理

4.1 电气控制系统图的有关知识

电气控制系统是由电器元件按一定要求连接而成的。为了清晰地表达生产机械控制系统的工作原理,便于系统的安装、调整、使用和维修,将电器控制系统中的各电器元件用一定的图形符号和文字符号表达出来,再将其连接情况用一定的图形表达出来,这种图形就是电气控制系统图。

常用的电气控制系统图有电气原理图、电器布置图和电气安装接线图。

4.1.1 电气原理图

电气原理图是用来表示电路中各个电器元件导电部件的连接关系和工作原理的图。该图应根据简单、清晰的原则,采用电器元件展开形式来绘制,它不按电器元件的实际位置来画,也不反映电器元件的大小、安装位置,只用电器元件的导电部件及其接线端钮表示电器元件,用导线将这些导电部件连接起来反映其连接关系。所以电器原理图结构简单、层次分明、关系明确,适用于分析研究电路的工作原理,且可作为其他电器图形的依据。

绘制电路原理图(见图 4-1),一般遵循以下原则:

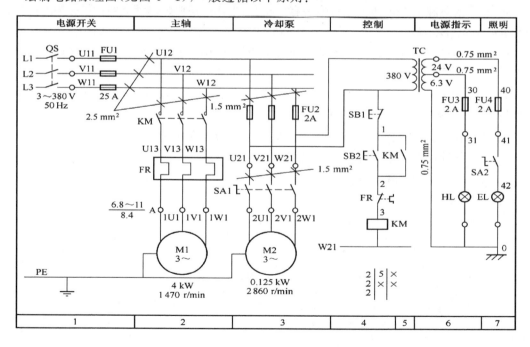

图 4-1 CW6132 普通车床电气原理图

① 为了区别主电路与控制电路,在绘制线路图时主电路(电动机、电器及连接线等)用粗线表示,而控制电路(电器及连接线等)用细线表示。通常习惯将主电路放在线路图的左边(或上部),而将控制电路放在右边(或下部)。

② 动力电路、控制电路和信号电路应分别绘出:

● 动力电路:电源电路绘水平线,受电的动力设备(如电动机等)及其他保护电器支路应垂直电源电路画出。

● 控制和信号电路:应垂直地绘于两条水平电源线之间,耗能元件(如线圈、电磁铁、信号灯等)应直接连接在接地或下方的水平电源线上,控制触头连接在上方水平线与耗能元件之间。

③ 在原理图中各个电器并不按照它实际的布置情况绘在线路上,而是采用同一电器的各部件分别绘在它们完成作用的地方。

④ 为区别控制线路中各电器的类型和作用,每个电器及它们的部件用一定的图形符号表示,且给每个电器有一个文字符号,属于同一个电器的各个部件(如接触器的线圈和触头)都用同一个文字符号表示,而作用相同的电器都用一定的数字序号表示。

⑤ 因为各个电器在不同的工作阶段分别做不同的动作,触头时闭时开,而在原理图内只能表示一种情况,因此,规定所有电器的触头均表示正常位置,即各种电器在线圈没有通电或机械尚未动作时的位置。例如,对于接触器和电磁式继电器为电磁铁未吸上的位置,对于行程开关、按钮等则为未压合的位置。

⑥ 为了便于确定原理图的内容和组成部分在图中的位置,常在图纸上分区。竖边用大写拉丁字母编号,横边用阿拉伯数字编号。有时为方便读图和分析电路原理,常把数字区放在图的下方,对应的上方标明该区域的元件或电路的功能。

⑦ 在电气原理图中,在继电器、接触器线圈的下方注有该继电器、接触器相应触头所在图中位置的索引代号,索引代号用图面区域号表示。

⑧ 电气原理图应标出下列数据或说明:

● 各电源电路的电压值、极性或频率及相数;

● 某些元器件的特性(如电阻、电容的参数值等);

● 不常用电器(如位置传感器、手动触头、电磁阀门或气动阀、定时器等)的操作方法和功能。

⑨ 对具有循环运动的机构,应给出工作循环图,万能转换开关和行程开关应绘出动作程序和动作位置。

4.1.2　电器布置图

电器布置图是用来表明电气原理图中各元器件的实际安装位置,可视电气控制系统的复杂程度采取集中绘制或单独绘制。

在图中电器元件用实线框表示,而不必按其外形形状画出;在图中往往还留有 10% 以上的备用面积及导线管(槽)的位置,以供走线和改进设计时用;在图中还需要标注出必要的尺寸。CW6132 型普通车床的电器布置图如图 4-2 所示。

电器元件的布置应注意以下几个方面:

① 体积大和较重的电器元件应安装在电器安装板的下方,而发热元件应安装在电器安

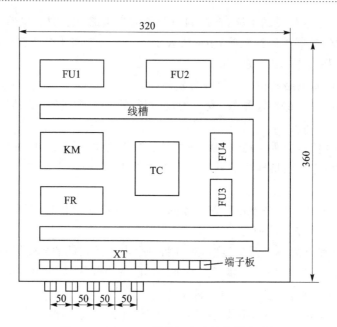

图 4-2　CW6132 型普通车床的电器布置图

板的上方。

② 强电、弱电应分开,弱电应屏蔽,防止外界干扰。

③ 需要经常维护、检修、调整的电器元件安装位置不宜过高或过低。

④ 电器元件的布置应考虑整齐、美观、对称。外形尺寸与结构类似的电器安装在一起,以利安装和配线。

⑤ 电器元件布置不宜过密,应留有一定间距。如果用走线槽,则应加大各排电器间距,以利于布线和维修。

4.1.3　电气安装接线图

电气安装接线图主要用于电器的安装接线、线路检查、线路维修和故障处理,通常接线图与电气原理图和电器布置图一起使用。电气安装接线图表示出项目的相对位置、项目代号、端子号、导线号、导线型号、导线截面等内容。接线图中的各个项目(如元件、器件、部件、组件、成套设备等)采用简化外形(如正方形、矩形、圆形)表示,简化外形旁应标注项目代号,并应与电气原理图中的标注一致。图 4-3 所示为 CW6132 型普通车床的电气安装接线图。

电气安装接线图的绘制原则是:

① 各电器元件均按实际安装位置绘出,元件所占图面按实际尺寸以统一比例绘制;

② 一个元件中所有的带电部件均画在一起,并用点画线框起来,即采用集中表示法;

③ 各电器元件的图形符号和文字符号必须与电气原理图一致,并符合国家标准;

④ 各电器元件上凡是需接线的部件端子都应绘出,并予以编号,各接线端子的编号必须与电气原理图上的导线编号一致;

⑤ 绘制电气安装接线图时,走向相同的相邻导线可以绘成一股线。

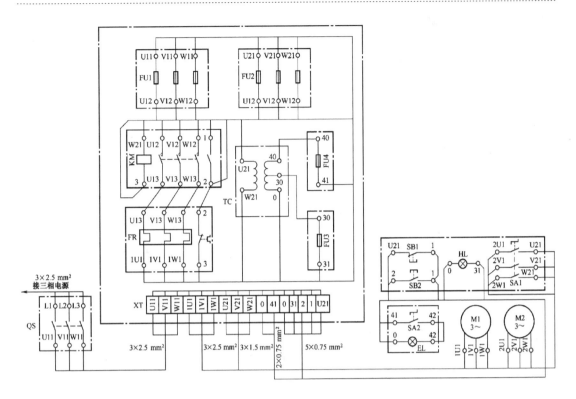

图 4 - 3 CW6132 型普通车床的电气安装接线图

4.1.4 电气系统中的基本保护环节

1. 电流保护

（1）短路保护

短路保护用于防止用电设备(电动机、接触器等)短路而产生大电流冲击电网,损坏电源设备,或防止用电设备因突然流过短路电流而引起用电设备、导线和机械上的严重损坏。

采用的电器:熔断器、自动断路器。

原理:熔断器或自动断路器串入被保护的电路中,当电路发生短路或严重过载时,熔断器的熔体部分自动迅速熔断或自动断路器的过电流脱钩器脱开,从而切断电路,使导线和电器设备不受损坏。

（2）过电流保护

过电流保护是区别于短路保护的一种电流型保护。所谓过电流是指电动机或电器元件的电流超过其额定电流的运行状态,一般比短路电流小,不超过额定电流的 6 倍。在过电流情况下,电器元件并不是马上损坏,只要在达到最大允许温升之前电流能恢复正常,还是允许的,但过大的冲击电流易损坏电动机,同时过大的电动机电磁转矩也会使机械传动部件受到损坏,因此要及时切断电源。

采用的电器:过电流继电器。

原理:过电流继电器的线圈串接在被保护电路中,当电路电流达到其整定值时,过电流继电器动作,其串接在接触器线圈电路中的常闭触头断开,使接触器线圈断电释放,接触器主触头断开切断电动机电源。

2.过载保护

过载保护用于防止用电设备（如电动机等）长期过载而损坏用电设备。

采用的电器：热继电器、自动断路器。

原理：热继电器的线圈接在电动机的回路中，而触头接在控制回路中，当电动机过载时，长时间的发热使热继电器的线圈动作，从而触头动作，断开控制回路，使电动机脱离电网。自动断路器接入被保护的电路中，长期的过电流使热脱钩器脱开，从而切断电路。

3.零压（或欠压）保护

在设备工作中，当电源停电时，电动机停止，机械停止运动；当电源来电时，电动机可自动启动运行，即机械突然运动，可能造成机械或人身事故。在自动控制系统中，要保证在失电后没有人工操作，电动机不能自动启动的保护称为零压（欠压）保护。

作用：防止因电源电压的消失或降低引起机械设备停止运行，以及当故障消失后设备自动启动运行而可能造成的机械或人身事故。

4.过电压保护

电磁铁、电磁吸盘等大电感负载及直流电磁机构、直流继电器等，在通电时会产生较高的感应电动势，使电磁线圈绝缘击穿而损坏。

常采用的保护措施是在线圈两端并联一个电阻，电阻串联电容或二极管串联电阻，形成一个放电回路，实现过电压的保护。

5.零励磁保护

零励磁保护是防止直流电动机在没有加上励磁电压时，就加上电枢电压而造成机械"飞车"或电动机电枢绕组烧坏的一种保护。

4.2 三相鼠笼式异步电动机的基本控制

4.2.1 点动控制电路

1.点动控制原理图

点动控制原理图如图 4-4 所示。

2.电路分析

点动控制电路是用按钮和接触器控制电动机的最简单的控制线路，分为主电路和控制电路两部分。主电路的电源引入采用了隔离开关 QS，电动机的电源由接触器 KM 主触头的通、断来控制。

首先合上电源开关 QS。

启动：

按下 SB—KM 线圈得电—KM 主触头闭合—电动机 M 运转

停止：

松开 SB—KM 线圈失电—KM 主触头分断—电动机 M 停转

3.点动控制的概念

这种当按钮按下时电动机就运转，按钮松开后电动机就停转的控制方式，称为点动控制。

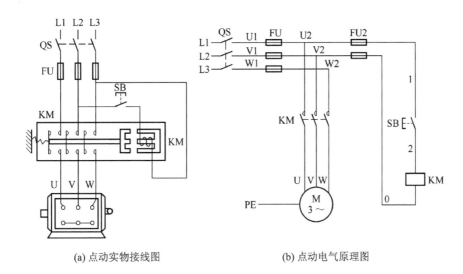

(a) 点动实物接线图　　　　(b) 点动电气原理图

图 4 - 4　点动控制原理图

电路特点：不能实现电动机的连续运转。

4.2.2　自锁控制电路

1. 自锁控制原理图

自锁控制原理图如图 4 - 5 所示。

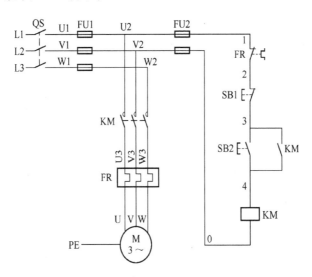

图 4 - 5　自锁控制原理图

2. 电路分析

首先合上电源开关 QS。

启动：

按下 SB2—KM 线圈得电 $\begin{cases} \text{KM 主触头闭合—电动机 M 运转} \\ \text{KM 辅助常开触头闭合，保持线圈得电，自锁} \end{cases}$

停止：

$$按下 SB1—KM 线圈失电\begin{cases}KM 主触头分断—电动机 M 停转\\KM 辅助常开触头分断,解锁\end{cases}$$

3. 自锁的概念

这种依靠接触器自身辅助动合触头使其线圈保持通电的现象称为自锁(或称自保),起自锁作用的辅助动合触头称为自锁触头(或称自保触头),这样的控制线路称为具有自锁(或自保)的控制线路。

电路特点：可以实现电动机的连续运转。

4.2.3 点动与自锁混合控制电路

1. 电路控制原理图

图 4 - 6 所示是既可实现点动也可实现连续运转的电路。

2. 电路分析

图 4 - 6(a)所示是电动机主回路。

图 4 - 6(b)所示为用开关 SA 实现点动和连续运转的转换。合上开关 SA,当按下启动按钮 SB2 时,KM 线圈通电,KM 主触头与常开触头闭合,电动机启动;当松开启动按钮 SB2 时,虽然启动按钮 SB2 这一路已断开,但 KM 线圈仍通过自身常开触头这一通路而保持通电,使电动机继续运转。这对起自锁作用的辅助触头称为自锁触头。断开 SA,电路实现点动控制。

图 4 - 6(c)所示为利用两个按钮来完成点动与自锁的转换。复合按钮 SB3 实现点动控制,按钮 SB2 实现连续运转。

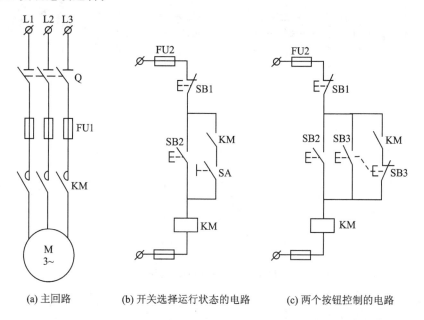

(a) 主回路   (b) 开关选择运行状态的电路   (c) 两个按钮控制的电路

图 4 - 6　电动机的点动与自锁混合控制电路

4.2.4 电动机正反转控制电路

在生产加工过程中,除了要求电动机实现单向运行外,往往还要求电动机能实现可逆运行。例如,改变机床工作台的运动方向,起重机吊钩的上升或下降等。

由三相交流电动机的工作原理可知,如果将接至电动机的三相电源线中的任意两相对调,就可以实现电动机的反转。

1.电路控制原理图

图 4 - 7 所示为三相鼠笼式异步电动机正反转控制电路,其中,图 4 - 7(a)所示为其主电路图,图 4 - 7(b)~图 4 - 7(d)所示为 3 种控制电路图。

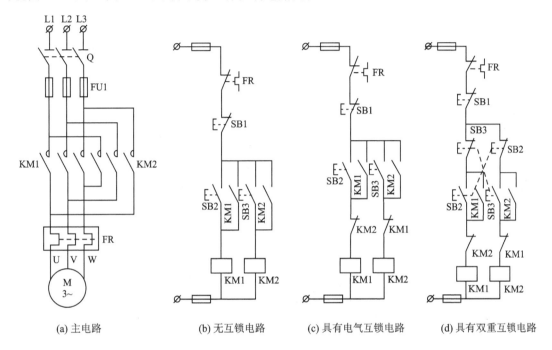

(a) 主电路　　　　　(b) 无互锁电路　　　　(c) 具有电气互锁电路　　　(d) 具有双重互锁电路

图 4 - 7　三相鼠笼式异步电动机正反转控制电路

2.电路分析

图 4 - 7(b)所示是由两个单向旋转控制电路组合而成的。主电路由正、反转接触器 KM1、KM2 的主触头来实现电动机三相电源任意两相的换相,从而实现电动机正反转。当正转启动时,按下正转启动按钮 SB2,KM1 线圈通电吸合并自锁,电动机正向启动并运转;当反转启动时,按下反转启动按钮 SB3,KM2 线圈通电吸合并自锁,电动机便反向启动并运转。但当按下正转启动按钮 SB2,电动机已进入正转运行后,接着又按下反转启动按钮 SB3 时,由于正、反转接触器 KM1、KM2 线圈均通电吸合,其主触头均闭合,于是电源两相短路,致使熔断器 FU1 熔体熔断,电动机无法工作。因此,该电路在任何时候都只能允许一个接触器通电工作。为此,通常在控制电路中将 KM1、KM2 正反转接触器常闭辅助触头串接在对方线圈电路中,形成相互制约的控制,这种相互制约的控制关系称为互锁,这两对起互锁作用的常闭触头称为互锁触头。

图 4 - 7(c)所示是利用正反转接触器常闭辅助触头作互锁,这种互锁称为电气互锁。这种电路要实现电动机由正转到反转,或由反转到正转,都必须先按下停止按钮,然后才可以进行反向启动,这种电路称为正—停—反电路。

图 4 - 7(d)所示是在图 4 - 7(c)的基础上又增加了一对互锁,这对互锁是将正、反转启动按钮的常闭辅助触头串接在对方接触器线圈电路中,这种互锁称为按钮互锁,又称机械互锁。

所以图 4-7(d)所示是具有双重互锁的控制电路,该电路可以实现不按停止按钮,由正转直接变反转的功能,这是因为按钮互锁触头可实现先断开正在运行的电路,再接通反向运转电路的功能。这种电路称为正—反—停电路。

3. 互锁的概念

在一个电器元件得电/动作时,通过其常闭触头使另一个电器元件不能得电/动作的作用称为互锁(也称联锁)。

4.2.5 多地联锁控制

在一些大型生产机械和设备上,要求操作人员在不同的方位能进行操作与控制,即实现多地控制。多地控制是用多组启动按钮、停止按钮来进行控制的,这些按钮的连接原则是:启动按钮常开触头要并联,即逻辑或的关系;停止按钮常闭触头要串联,即逻辑与的关系。以两地控制为例,在两个地点各设一套用于电动机启动和停止的控制按钮,如图 4-8 所示。

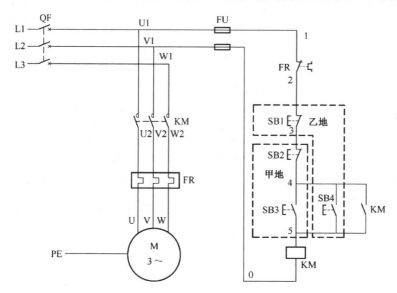

图 4-8 两地控制电路图

4.2.6 顺序控制

在多电动机驱动的生产机械上,各台电动机所起的作用不同,设备有时要求某些电动机按一定顺序启动并工作,以保证操作过程的合理性和设备工作的可靠性。例如,铣床工作台(放置工件)的进给电动机必须在主轴(刀具)电动机启动的条件下才能启动。这就对电动机启动过程提出了顺序控制的要求,实现顺序控制要求的电路称为顺序控制电路。

1. 电路控制原理图

顺序控制电路有两种:顺序启动、同时停止,顺序启动、顺序停止,如图 4-9 所示。

2. 电路分析

图 4-9 所示为两台电动机顺序控制的电路图,图 4-9(a)所示为两台电动机顺序控制的主电路,图 4-9(b)和图 4-9(c)所示为两种不同控制要求的控制电路,其中,图 4-9(b)所示为按顺序启动的控制电路,合上主电路与控制电路的电源开关,按下启动按钮 SB2,KM1 线圈通电并自锁,电动机 M1 启动旋转,同时串在 KM2 控制电路中的 KM1 常开辅助触头也闭合,

此时再按下按钮 SB4,KM2 线圈通电并自锁,电动机 M2 启动旋转。如果先按下 SB4 按钮,则因 KM1 常开辅助触头断开,电动机 M2 不可能先启动,从而达到按顺序启动 M1、M2 的目的。

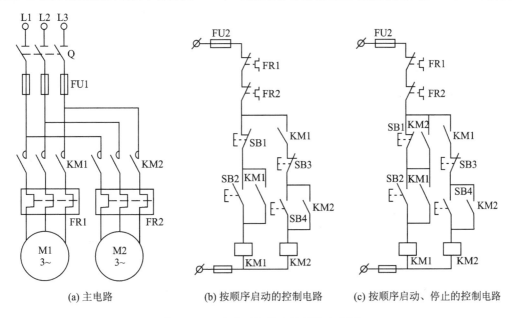

(a) 主电路　　　　(b) 按顺序启动的控制电路　　　(c) 按顺序启动、停止的控制电路

图 4 - 9　两台电动机顺序控制的电路图

生产机械除要求按顺序启动外,有时还要求按一定顺序停止,如传送带运转机,前面的第一台运输机先启动,再启动后面的第二台;停车时应先停第二台,再停第一台,这样才不会造成物料在皮带上的堆积和滞留。图 4 - 9(c)所示为按顺序启动与停止的控制电路,为此在图 4 - 9(b)的基础上,将接触器 KM2 的常开辅助触头并联在 SB1 的两端,这样,即使先按下 SB1,由于 KM2 线圈仍通电,所以电动机 M1 不会停转,只有按下 SB3,电动机 M2 先停后,再按下 SB1 才使 M1 停转,达到先停 M2 后停 M1 的要求。

在许多顺序控制中,要求有一定的时间间隔,此时往往用时间继电器来实现。图 4 - 10 所

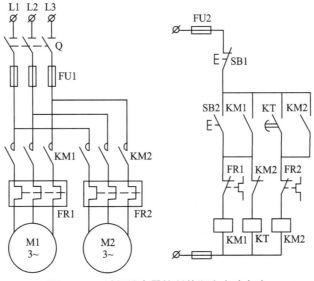

图 4 - 10　时间继电器控制的顺序启动电路

示为时间继电器控制的顺序启动电路,接通主电路与控制电路的电源,按下启动按钮 SB2,
KM1、KT 线圈同时得电并自锁,延时后,KT 常开触头闭合,KM2 线圈得电并自锁,电动机
M2 自行启动,同时 KM2 常闭辅助触头断开将时间继电器 KT 线圈电路切断,KT 不再工作。

4.2.7　自动往返循环控制

工农业生产中有很多机械设备都是需要往复运动的,例如,机床的工作台、高炉的加料设
备等要求工作台在一定距离内能自动往返运动,它是通过行程开关来检测往返运动的相对位
置,进而控制电动机的正反转或电磁阀的通断电来实现的。因此,也把这种控制称为位置控制
或行程控制。

1. 电路控制原理图

自动往复循环控制的示意图及其电路如图 4 - 11 所示。

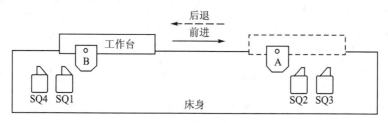

(a) 机床工作台自动往复运动示意图

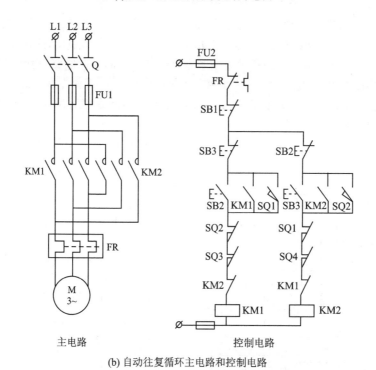

(b) 自动往复循环主电路和控制电路

图 4 - 11　自动往复循环控制的示意图及其电路

2. 电路分析

图 4 - 11(a)所示为机床工作台自动往复运动示意图,在床身两端固定有行程开关 SQ1、

SQ2,用来表明加工的起点和终点。在工作台上设有撞块 A 和 B,其随运动部件一起移动,分别通过压下 SQ2、SQ1 来改变控制电路的状态,实现电动机的正反向运转,从而实现工作台的自动往复运动。图 4-11(b)所示为自动往复循环主电路和控制电路,图中 SQ1 为反向转正向行程开关,SQ2 为正向转反向行程开关,SQ3 为正向限位开关,SQ4 为反向限位开关。电路工作原理:合上主电路与控制电路的电源开关,按下 SB2,KM1 线圈通电并自锁,电动机正转启动,拖动工作台前进,向右移动到位时,撞块 A 压下 SQ2,其常闭触头断开,使 KM1 线圈断电,常开触头闭合,使 KM2 线圈通电并自锁,电动机由正转变为反转,拖动工作台由前进变为后退;当后退到位时,撞块 B 压下 SQ1,使 KM2 断电,KM1 通电,电动机由反转变为正转,拖动工作台由后退变为前进,如此周而复始实现自动往返工作;当按下停止按钮 SB1 时,电动机停止,工作台停下;当行程开关 SQ1、SQ2 失灵时,由限位开关 SQ3、SQ4 来实现极限保护,避免运动部件因超出限位位置而发生事故。

4.3　三相鼠笼式异步电动机的降压启动控制

三相鼠笼式异步电动机的启动有直接启动和降压启动两种,如下所述:

直接启动是一种简单、可靠、经济的启动方法,但电动机的启动电流为额定电流的 4~7 倍。过大的启动电流一方面会造成电网电压显著下降,直接影响在同一电网工作的其他电动机及用电设备的正常运行;另一方面,电动机频繁启动会严重发热,加速线圈老化,缩短电动机的寿命。

10 kW 以下的电动机,一般可以直接启动,但当电动机功率超过 10 kW 时,因启动电流较大,一般采用降压启动。降压启动是指利用启动设备将电压适当降低后加到电动机的定子绕组上进行启动,待电动机启动运转后,再使其电压恢复到额定值正常运转。由于电流随电压的降低而减小,所以降压启动达到了减小启动电流的目的。但同时,由于电动机转矩与电压的平方成正比,所以降压启动将导致电动机的启动转矩大大降低。因此,降压启动需要在空载或轻载下启动。

常见降压启动的方法有:定子绕组串电阻(电抗)降压启动、自耦变压器降压启动、Y-△降压启动。三相绕线式转子异步电动机采用转子串电阻的启动方式。

4.3.1　定子绕组串电阻降压启动电路

对电路的要求:启动时在电动机的定子绕组中串接电阻,通过电阻的分压作用,使电动机定子绕组上的电压减小;待启动完毕后,将电阻切除,使电动机在额定电压(全压)下正常运转。其电路如图 4-12 所示,其中,左边部分为主回路,右边部分为控制回路。

1. 主回路

由图 4-12 可知,当刀开关 QS 合上时,若 KM1 的主触头闭合,则电动机的定子绕组串电阻 R 降压启动;若 KM2 的主触头闭合,则电阻 R 被短路,电动机全压运行。

2. 控制回路

① 当操作者按下启动按钮 SB2 时,KM1 线圈得电并自锁,同时 KT 得电,KM1 的主触头闭合,电动机定子绕组串联电阻 R 降压启动。

② 启动一段时间后,KT 的延时时间到,其延时闭合常开触头使 KM2 线圈得电并自锁。

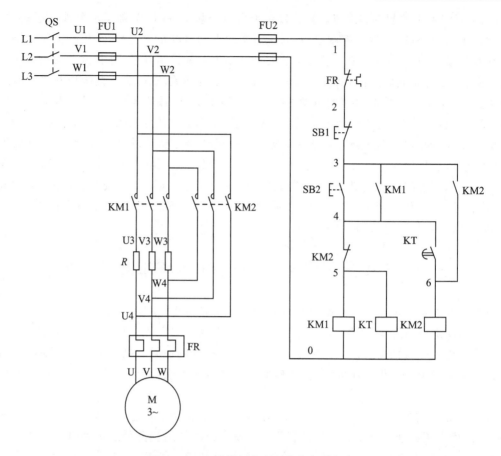

图 4 - 12　定子绕组串电阻降压启动电路

KM2 主触头闭合,切除启动电阻 R,电动机全压运行。同时,KM2 常闭辅助触头断开,KM1 和 KT 线圈断电,对应触头复位。

3. 保护环节

FU1 和 FU2 分别实现主回路和控制回路的短路保护,FR 实现电动机过载保护,按钮与接触器配合实现零压(欠压)保护。

4. 特　点

① 定子绕组串电阻降压启动减小了电动机启动转矩;在电阻上功率损耗较大;如果启动频繁,则电阻的温升很高,对于精密的机床会产生一定的影响。

② 启动过程是按时间控制的,时间长短可由时间继电器的延时时间来控制。在控制领域中,常把用时间控制某一过程的方法称为时间原则控制。

4.3.2　自耦变压器降压启动电路

对电路的要求:自耦变压器的一次侧接在电网上,电动机启动时定子绕组接在自耦变压器的二次侧上,从而实现降压启动。待启动结束后,再将电动机定子绕组接在电网上以额定电压运行。其电路如图 4 - 13 所示。

1. 主回路

由图 4 - 13 可知,当断路器 QF 合上时,若 KM1、KM2 的主触头同时闭合,则电动机接自

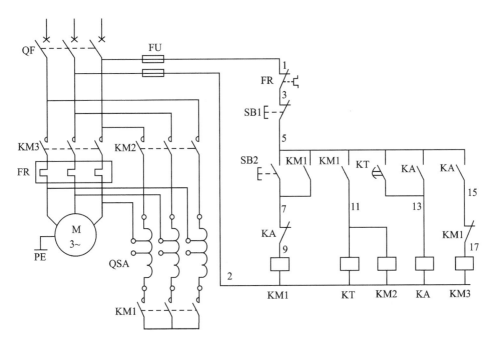

图 4 - 13　自耦变压器降压启动电路

耦变压器二次侧电压降压启动;若 KM1、KM2 的主触头同时断开,当 KM3 的主触头闭合时,电动机以额定电压正常运行;若 KM2 和 KM3 的主触头同时闭合,则电源短路。

因此,主回路对控制回路的要求是:启动时控制接触器 KM1 和 KM2 得电,启动结束时 KM1、KM2 断电,KM3 得电,在任何时候不能使 KM2 和 KM3 同时得电。

2. 控制回路

① 当操作者按下启动按钮 SB2 时,KM1 得电自锁,同时 KM2、KT 得电,KM1 和 KM2 的主触头闭合,电动机开始降压启动。

② 启动一段时间后,KT 的延时时间到,其延时闭合常开触头使 KA 线圈得电并自锁,KA 常闭触头断开,使 KM1 线圈断电,KM1 常开触头断开,继而 KM2 和 KT 线圈断电。KA 常开触头闭合,使 KM3 线圈得电,电动机以额定电压继续运行。

3. 保护环节

QF 实现电动机短路保护和欠压失压保护,FR 实现电动机过载保护,FU 实现控制回路短路保护,控制回路的 KA 常闭触头和 KM3 常闭辅助触头实现互锁保护。

4. 特　点

① 自耦变压器降压启动方法适用于启动较大容量的电动机,启动转矩可以通过改变抽头的连接位置得到改变。但是,自耦变压器价格较高,而且不允许频繁启动。

② 本电路仍然采用时间原则。

4.3.3　Y-△降压启动电路

对电路的要求:启动时定子绕组接成 Y 形,启动结束后,定子绕组换接成△形。其电路如图 4-14 所示。

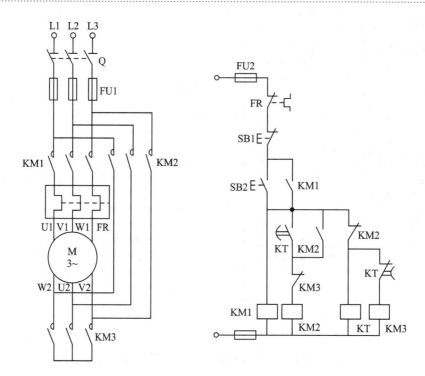

图 4 - 14 Y -△降压启动电路

1. 主回路

由图 4 - 14 可知,当刀开关 Q 合上时,若 KM1、KM3 的主触头同时闭合,则电动机的定子绕组接成 Y 形;若 KM1、KM2 的主触头同时闭合,则电动机的定子绕组接成△形;若 KM2 和 KM3 的主触头同时闭合,则电源短路。

因此,主回路对控制回路的要求是:启动时,控制接触器 KM1 和 KM3 得电;启动结束时,KM3 断电,KM2 得电;在任何时候都不能使 KM2 和 KM3 同时得电。

2. 控制回路

① 当操作者按下启动按钮 SB2 时,KM1 线圈得电并自锁,同时 KM3、KT 线圈得电,KM1 和 KM3 的主触头闭合,电动机接成 Y 形开始启动。

② 启动一段时间后,KT 的延时时间到,其延时断开常闭触头断开,使 KM3 线圈失电,KM3 的主触头断开,同时,KT 的延时闭合常开触头使 KM2 线圈得电并自锁,KM2 主触头闭合。由于此时 KM1 线圈继续得电,所以电动机的定子绕组换接成△形继续运行。

3. 保护环节

FU1 和 FU2 分别实现主回路和控制回路的短路保护,FR 实现电动机过载保护,按钮与接触器配合实现零压(欠压)保护,控制回路的 KM2、KM3 线圈支路中互串对方的常闭辅助触头达到互锁保护的目的。

4. 特　点

本电路仍然采用时间原则。

4.3.4　绕线式异步电动机转子串电阻降压启动电路

如果希望在启动时既要限制启动电流,又不降低启动转矩,则可选用绕线式三相异步电动机。绕线式三相异步电动机可以通过滑环在转子绕组中串接外加电阻来改善电动机的机械特性，从而减小启动电流、提高启动转矩，使其具有良好的启动性能，以适用于电动机的重载启动。

对电路的要求：启动时，在其转子电路串入启动电阻或频敏变阻器；启动完成后，将转子电路串入的启动电阻或频敏变阻器由控制电路自动切除。其电路如图 4-15 所示。

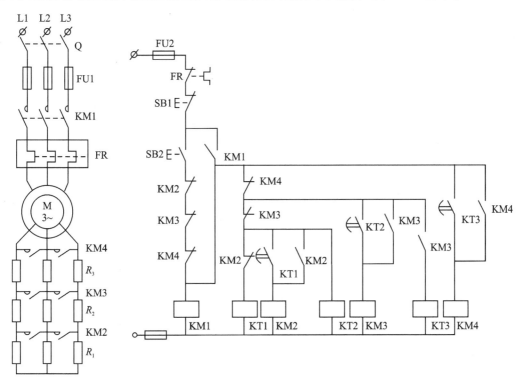

图 4-15　绕线式异步电动机转子串电阻降压启动电路

1. 主回路

由图 4-15 可知，当刀开关 Q 合上时，若 KM1 的主触头闭合，则转子串电阻 R_1、R_2、R_3 启动；若 KM2、KM3、KM4 主触头依次闭合，则将启动电阻 R_1、R_2、R_3 逐步短路切除，提高电流，最终实现正常运行。

2. 控制回路

① 当操作者按下启动按钮 SB2 时，KM1 线圈得电并自锁，电动机转子串 3 级电阻启动，同时 KT1、KT2 线圈得电，开始计时。

② KT1 延时时间到，其延时闭合常开触头闭合，KM2 线圈得电并自锁，KM2 主触头闭合，R_1 电阻被短接。KM2 常闭辅助触头断开，使 KT1 线圈断电。

③ KT2 延时时间到，其延时闭合常开触头闭合，KM3 线圈得电并自锁，KM3 主触头闭合，R_1、R_2 电阻被短接。KM3 常闭辅助触头断开，使 KM2、KT2 线圈断电，同时 KM3 常开辅助触头闭合，使 KT3 线圈得电，开始计时。

④ KT3 延时时间到，其延时闭合常开触头闭合，KM4 线圈得电并自锁，KM4 主触头闭合，3 组电阻均被短接。KM4 常闭辅助触头断开，使 KM3、KT3 线圈断电。

3．保护环节

FU1 和 FU2 分别实现主回路和控制回路的短路保护，FR 实现电动机过载保护，按钮与接触器配合实现零压(欠压)保护。

4．特　点

① KM2、KM3、KM4 常闭辅助触头串联，确保电动机在转子全部电阻串入情况下启动。

② 当电动机正常运行时，只有 KM1 和 KM4 处于长期通电状态，而 KT1、KT2、KT3 和 KM2、KM3 均在工作完成后断电，既节省电能，延长电器使用寿命，又能减少电路故障，保证电路安全可靠地工作。

③ 由于电路为逐级短接电阻，所以电动机电流与转矩阶跃性增大，会产生机械冲击。

④ 本电路仍然采用时间原则。

4.4　三相鼠笼式异步电动机的制动控制

由于机械惯性的影响，高速旋转的电动机从切除电源到停止转动要经过一定时间，这样往往满足不了某些生产工艺快速、准确停车的控制要求，这就需要对电动机进行制动控制。

所谓制动，就是给正在运行的电动机加上一个与原转动方向相反的制动转矩，迫使电动机迅速停转。

电动机常用的制动方法有机械制动和电气制动两大类。机械制动，利用机械装置使电动机在断开电源后迅速停车；电气制动，电动机产生一个和转子转动方向相反的电磁转矩，使电动机的转速迅速下降。

三相交流异步电动机常用的电气制动方法有反接制动和能耗制动两种。

4.4.1　电动机单向运行反接制动

三相鼠笼式异步电动机的电源任意对调其中的两相，会产生相反方向的磁场，从而产生制动转矩。当电动机反接制动时，制动电流大，一般适用于 10 kW 以下的小容量电动机。

对电路的要求：电动机反接时制动电流很大，为减小制动电流，通常在电动机定子回路中串入反接制动电阻。另外，当电动机转速接近零时，为防止电动机反向运行，要及时切断反接电源。其电路如图 4-16 所示。

1．主回路

由图 4-16 可知，当刀开关 Q 合上时，若 KM1 主触头闭合，则电动机全压启动；若 KM1 主触头断开，则 KM2 主触头闭合，电动机串电阻反接制动；速度继电器 KS 检测电动机转速并控制电动机反相电源的断开。

2．控制回路

① 当操作者按下启动按钮 SB2 时，KM1 线圈得电并自锁，KM1 主触头闭合，电动机开始单向运行，当转速达到 KS 设定的吸和值时，KS 常开触头闭合。

② 当按下停止按钮 SB1 时，其常闭触头先断开，KM1 线圈断电，然后 SB1 常开触头闭合，KM2 线圈得电并自锁，KM2 主触头闭合，电动机开始串电阻反接制动，当转速下降至 KS 设定的释放值时，KS 常开触头断开，KM2 线圈断电，其主触头断开，切断反相电源，电动机自然停车。

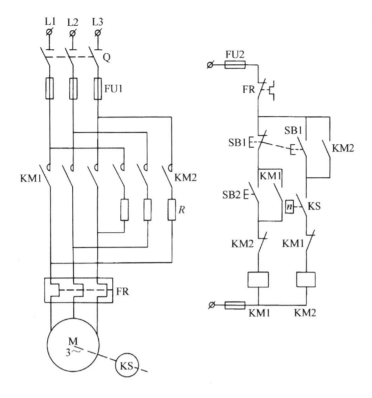

图 4 - 16　电动机单向运行反接制动电路

3. 保护环节

FU1 和 FU2 分别实现主回路和控制回路的短路保护,FR 实现电动机过载保护,按钮与接触器配合实现零压(欠压)保护,控制回路的 KM1、KM2 线圈支路中互串对方的常闭辅助触头达到互锁保护的目的。

4. 特　点

① 电动机的制动过程是以速度为参考依据来控制的,通过对速度继电器释放值的设定来控制制动过程的长短。在控制领域中,常把用速度控制某一过程的方法称为速度原则控制。

② 反接制动的优点是,制动转矩大,制动效果显著;其缺点是,制动不平稳,而且能量损耗大。因此,其常用于制动不频繁、功率小于 10 kW 的中小型机床及辅助性的电力拖动中。

4.4.2　电动机可逆运行反接制动

对电路的要求:可逆运行电路基本要求与单向运行一致,但正反转可逆运行,且增加了降压启动控制,用到的控制元件比单向运行要多一些。其电路如图 4 - 17 所示,KM1、KM2 为正、反转接触器,KM3 为短接制动电阻接触器;KA1、KA2、KA3、KA4 为中间继电器;KS 为速度继电器,其中,KS - 1 为正转闭合触头,KS - 2 为反转闭合触头;电阻 R 启动时用于定子串电阻降压启动,制动时又作反接制动电阻。

下面以正转运行为例分析电路。

1. 主回路

由图 4 - 17 可知,当刀开关 Q 合上时,若 KM1 主触头闭合,则电动机定子串电阻降压启

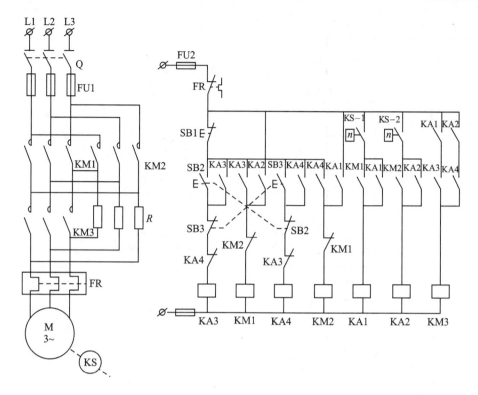

图 4－17　电动机可逆运行反接制动电路

动;若 KM3 主触头闭合,则电阻 R 被短接,电动机全压运行;若 KM1、KM3 主触头断开,KM2 主触头闭合,则电动机串电阻反接制动;速度继电器 KS 检测电动机转速并控制电动机反相电源的断开。

2．控制回路

① 当操作者按下启动按钮 SB2 时,KA3、KM1 线圈得电并自锁,KM1 主触头闭合,电动机开始降压启动,当转速达到 KS 设定的吸和值时,KS－1 常开触头闭合,KA1 线圈得电并自锁。

② KA1、KA3 常开触头闭合,KM3 线圈得电,KM3 主触头闭合,短接电阻 R,电动机进入全压运行。

③ 当按下停止按钮 SB1 时,KA3、KM1、KM3 线圈相继断电,但此时电动机转子仍以惯性高速旋转,KS－1 仍然保持闭合状态,则 KA1 线圈仍然得电,其常开触头仍然保持闭合;而 KM1 常闭触头因线圈断电而复位,使得 KM2 线圈得电,其主触头闭合,电动机串电阻反接制动,电动机转速迅速下降。

④ 当电动机转速下降至低于 KS 设定的释放值时,KS－1 断开,KA1 线圈和 KM2 线圈相继断电,彻底切断电源,电动机自然停车,反接制动过程结束。

电动机反向启动和制动过程与正转时相同,请读者自行分析。

3．保护环节

FU1 和 FU2 分别实现主回路和控制回路的短路保护,FR 实现电动机过载保护,按钮与接触器配合实现零压(欠压)保护,控制回路的 KM1、KM2 线圈,以及 KA3、KA4 线圈支路中互串对方的常闭辅助触头,达到互锁保护的目的。

4. 特　点

电动机转速从零上升到 KS 常开触头闭合这一区间是定子串电阻降压启动,可通过调节 KS 设定值来调节启动时间。

4.4.3　电动机单向运行能耗制动

能耗制动是在切除三相交流电源之后,向定子绕组通入直流电流,在定子、转子之间的气隙中产生静止磁场,惯性转动的转子导体切割该磁场,形成感应电流,产生与惯性转动方向相反的电磁力矩而使电动机迅速停转,并在制动结束后将直流电源切除。这种制动方法把转子及拖动系统的动能转换为电能并以热能的形式迅速消耗在转子电路中,因而称其为能耗制动。

对电路的要求:电动机在制动时需要有静止磁场,可用变压、整流电路来引入直流电流,并利用可调电阻来调节静止磁场的大小。其电路如图 4-18 所示。

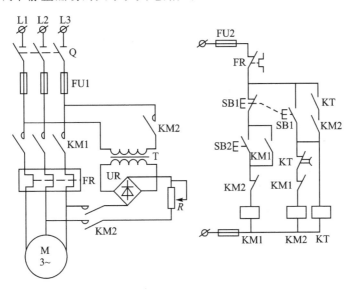

图 4-18　电动机单向运行能耗制动电路

1. 主回路

由图 4-18 可知,当刀开关 Q 合上时,若 KM1 主触头闭合,则电动机全压启动;若 KM1 主触头断开,KM2 主触头闭合,则电动机在静止磁场作用下制动。

2. 控制回路

① 当操作者按下启动按钮 SB2 时,KM1 线圈得电并自锁,电动机开始全压启动。

② 当按下停止按钮 SB1 时,其常闭触头首先断开,KM1 线圈断电,然后 SB1 常开触头闭合,KM2 线圈得电并自锁;同时 KT 线圈得电,电动机开始在静止磁场作用下进行能耗制动;当 KT 延时时间到时,其延时断开常闭触头断开,KM2 线圈断电,KT 线圈随之断电,能耗制动结束。

3. 保护环节

FU1 和 FU2 分别实现主回路和控制回路的短路保护,FR 实现电动机过载保护,按钮与接触器配合实现零压(欠压)保护,控制回路的 KM1、KM2 线圈支路中互串对方的常闭辅助触头达到互锁保护的目的。

4．特　点

本电路仍然采用时间原则。

4.4.4　电动机可逆运行能耗制动

可逆运行能耗制动电路基本要求与单向运行一致，其电路如图 4 - 19 所示。接触器 KM1、KM2 的主触头用于电动机工作时接通三相电源，并可实现正反转控制；接触器 KM3 的主触头用于制动时接通全波整流电路提供的直流电源，电路中的电阻 R 用于限制和调节直流制动电流以及调节制动强度。具体电路原理请读者参照电动机单向运行能耗制动自行分析。

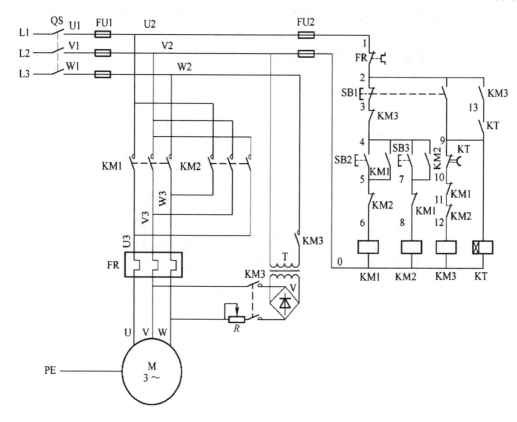

图 4 - 19　电动机可逆运行能耗制动电路

4.4.5　电动机机械制动控制电路

机械制动常用的方法有：电磁抱闸制动和电磁离合器制动。电磁抱闸制动装置由电磁操作机构和弹簧力机械抱闸机构组成。图 4 - 20 所示为断电制动型电磁抱闸的结构及其控制电路。

电路分析：合上电源开关 QS，按下启动按钮 SB2 后，接触器 KM 线圈得电自锁，主触头闭合，电磁铁线圈 YB 通电，衔铁吸合，使制动器的闸瓦和闸轮分开，电动机 M 启动运转；停车时，按下停止按钮 SB1 后，接触器 KM 线圈断电，自锁触头和主触头分断，使电动机和电磁铁线圈 YB 同时断电，衔铁与铁芯分开，在弹簧拉力的作用下闸瓦紧紧抱住闸轮，电动机迅速

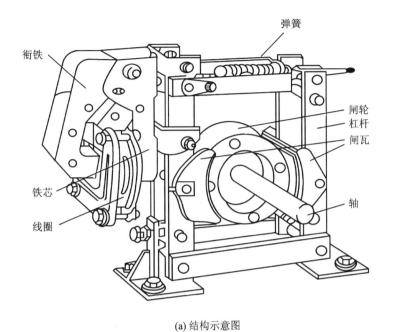

(a) 结构示意图

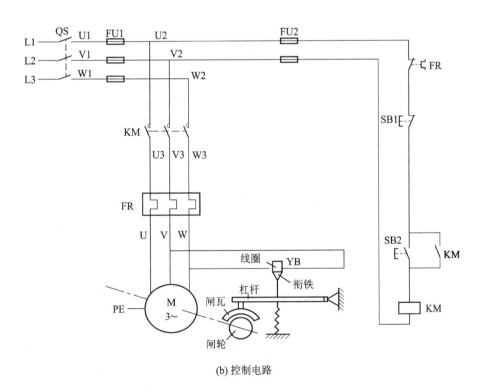

(b) 控制电路

图 4 - 20　断电制动型电磁抱闸的结构及其控制电路

停转。

电磁抱闸制动适用于各种传动机构的制动,且多用于起重电动机的制动。

4.5 直流电动机的电气控制

直流电动机具有良好的启动、制动和调速功能,容易实现各种运行状态的控制。直流电动机有串励、并励、复励和他励4种,其控制电路基本相同,本节仅介绍直流他励电动机的启动、可逆运行和制动的电气控制。

4.5.1 直流电动机单向运行启动控制

直流电动机在额定电压下直接启动,启动电流为额定电流的10～20倍,产生很大的启动转矩,导致电动机换向器和电枢绕组损坏,为此在电枢回路中串入电阻启动。同时,直流他励电动机在弱磁或零磁时会产生飞车现象,因此在接入电枢电压前,应先接入额定励磁电压,而且在励磁回路中应有弱磁保护。图 4 - 21 所示为直流电动机电枢串电阻单向运行启动电路,图中 KM1 为电路接触器,KM2、KM3 为短接启动电阻接触器,KOC 为过电流继电器,KUC 为欠电流继电器,KT1、KT2 为时间继电器,R_3 为放电电阻。

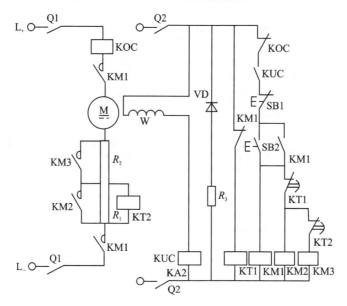

图 4 - 21 直流电动机电枢串电阻单向运行启动电路

1. 电路工作原理

合上电枢电源开关 Q1 和励磁与控制电路的电源开关 Q2,励磁回路通电,KA2 线圈通电吸合,其常开触头闭合,为启动做好准备;同时,KT1 线圈通电,其常闭触头断开,切断 KM2、KM3 线圈电路,保证串入 R_1、R_2 启动。按下启动按钮 SB2,KM1 线圈通电并自锁,主触头闭合,接通电动机电枢回路,电枢串入两级启动电阻启动;同时 KM1 常闭辅助触头断开,KT1 线圈断电,为延时使 KM2、KM3 线圈通电,短接 R_1、R_2 做准备。在串入 R_1、R_2 启动的同时,并接在 R_1 电阻两端的 KT2 线圈通电,其常开触头断开,使 KM3 不能通电,确保 R_2 电阻串入启动。

经一段时间延时后,KT1 延时闭合触头闭合,KM2 线圈通电吸合,主触头短接电阻 R_1,电动机转速升高,电枢电流减小。就在 R_1 被短接的同时,KT2 线圈断电释放,再经一定时间的延时,KT2 延时闭合触头闭合,KM3 线圈通电吸合,KM3 主触头闭合短接电阻 R_2,电动机在额定电枢电压下运转,启动过程结束。

2. 电路保护环节

过电流继电器 KOC 实现电动机过载和短路保护;欠电流继电器 KUC 实现电动机弱磁保护;电阻 R_3 与二极管 VD 构成励磁绕组的放电回路,实现过电压保护。

4.5.2 直流电动机可逆运行启动控制

图 4-22 所示为改变直流电动机电枢电压极性实现电动机正反转控制的电路,图中 KM1、KM2 为正、反转接触器,KM3、KM4 为短接电枢电阻接触器,KT1、KT2 为时间继电器,R_1、R_2 为启动电阻,R_3 为放电电阻,ST1 为反向转正向行程开关,ST2 为正向转反向行程开关。启动时电路工作情况与图 4-21 所示的电路相同,但启动后,电动机将按行程原则实现电动机的正、反转,拖动运动部件实现自动往返运动。电路工作原理请读者自行分析。

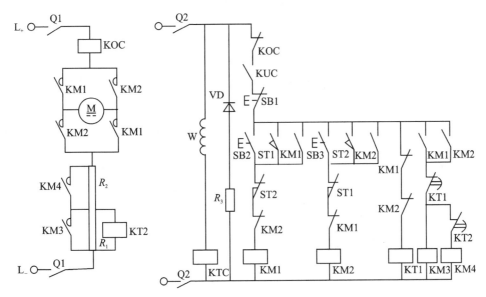

图 4-22 直流电动机正反转控制电路

电路保护环节

过电流继电器 KOC 实现电动机过载和短路保护;欠电流继电器 KUC 实现电动机弱磁保护;电阻 R_3 与二极管 VD 构成励磁绕组的放电回路,实现过电压保护。

4.5.3 直流电动机单向运行能耗制动控制

图 4-23 所示为直流电动机单向运行能耗制动控制电路,图中 KM1、KM2、KM3、KOC、KUC、KT1 和 KT2 的作用与图 4-21 中的相同,KM4 为制动接触器,KV 为电压继电器。

1. 电路工作原理

电动机启动时的电路工作情况与图 4-21 相同,此处不再重复。停车时,按下停止按钮 SB1,KM1 线圈断电释放,其主触头断开电动机电枢电源,电动机以惯性旋转。由于此时电动

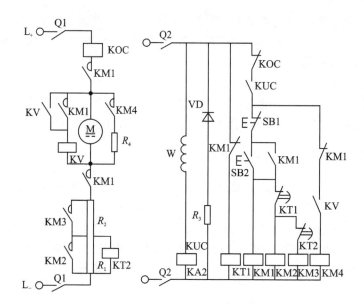

图 4 - 23　直流电动机单向运行能耗制动控制电路

机转速较高,所以电枢两端仍建立足够大的感应电动势,使并联在电枢两端的电压继电器 KV 经自锁触头仍保持通电吸合状态,KV 常开触头仍闭合,使 KM4 线圈通电吸合,其常开主触头 将电阻 R_4 并联在电枢两端;电动机实现能耗制动,使转速迅速下降,电枢感应电动势也随之 下降,当降至一定值时电压继电器 KV 释放,KM4 线圈断电,电动机能耗制动结束,电动机自 然停车至零。

2. 电路保护环节

过电流继电器 KOC 实现电动机过载和短路保护;欠电流继电器 KUC 实现电动机弱磁保 护;电阻 R_3 与二极管 VD 构成励磁绕组的放电回路,实现过电压保护。

4.5.4　直流电动机可逆运行反接制动控制

图 4 - 24 所示为直流电动机可逆运行反接制动控制电路,图中 KM1、KM2 为电动机正反 转接触器,KM3、KM4 为短接启动电阻接触器,KM5 为反接制动接触器,KOC 为过电流继电 器,KUC 为欠电流继电器,KV1、KV2 为反接制动电压继电器,R_1、R_2 为启动电阻,R_3 为放电 电阻,R_4 为反接制动电阻,KT1、KT2 为时间继电器,ST1 为正向变反向行程开关,ST2 为反 向变正向行程开关。

该电路按时间原则两级启动,能实现正反转并通过 ST1、ST2 行程开关实现自锁换向,在 换向过程中能实现反接制动,以加快换向过程。下面以电动机正向运行变反向运行为例来说 明电路的工作情况。

1. 电路的工作原理

电动机正在做正向运行并拖动运动部件做正向移动,当运动部件上的撞块压下行程开关 ST1 时,KM1、KM3、KM4、KM5、KV1 线圈断电释放,KM2 线圈通电吸合。电动机电枢接通 反向电源,同时 KV2 线圈通电吸合,反接时的电枢回路如图 4 - 25 所示。

由于机械惯性,电动机转速与电动势 E_M 的大小和方向来不及变化,且电动势 E_M 的方向与

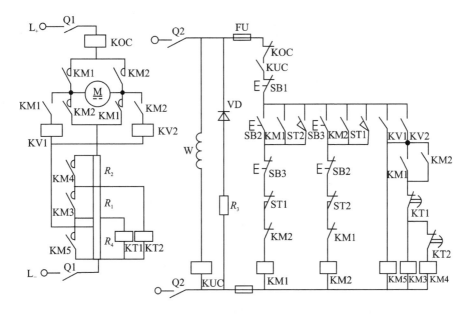

图 4－24　直流电动机可逆运行反接制动控制电路

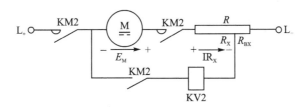

图 4－25　反接时的电枢电路

电枢串电阻电压降 IR_x 方向相反,此时加在电压继电器 KV2 线圈上的电压很小,不足以使 KV2 吸合,KM3、KM4、KM5 线圈处于断电释放状态,电动机电枢串入全部电阻进行反接制动,电动机转速迅速下降;随着电动机转速的下降,电动机电势 E_M 迅速减小,电压继电器 KV2 线圈上的电压逐渐增加,当 $n \approx 0$ 时,$E_M \approx 0$,加至 KV2 线圈的电压加大并使其吸合动作,常开触头闭合,KM5 线圈通电吸合。KM5 主触头反接制动电阻 R_4,同时 KT1 线圈断电释放,电动机串入 R_1、R_2 电阻反向启动;经 KT1 断电延时触头闭合,KM3 线圈通电,KM3 主触头短接启动电阻 R_1,同时 KT2 线圈断电释放;经 KT2 断电延时触头闭合,KM4 线圈通电吸合,KM4 主触头短接启动电阻 R_2,进入反向正常运转,拖动运动部件反向移动。

当运动部件反向移动撞块压下行程开关 ST2 时,由继电器 KV1 来控制电动机实现反转时的反接制动和正向启动过程,这里不再复述。

2. 电路保护环节

过电流继电器 KOC 实现电动机过载和短路保护;欠电流继电器 KUC 实现电动机弱磁保护;电阻 R_3 与二极管 VD 构成励磁绕组的放电回路,实现过电压保护。

复习思考题

4-1 常用的电气控制系统图有哪 3 种？

4-2 何为电气原理图？绘制电气原理图的原则是什么？

4-3 何为电器布置图？电器元件的布置应注意哪几个方面？

4-4 何为电气安装接线图？电气安装接线图的绘制原则是什么？

4-5 电动机点动控制与连续运转控制的关键控制环节是什么？其主电路又有何区别？（从电动机保护环节设置上分析。）

4-6 何为电动机的欠电压与失电压保护？接触器与按钮控制电路是如何实现欠电压与失电压保护的？

4-7 何为互锁控制？实现电动机正反转互锁控制的方法有哪两种？它们有何不同？

4-8 用按钮实现两地控制电动机单向旋转，要求电动机既可点动又可连续运转，试画出电气原理图。

4-9 指出电动机正反转控制电路中关键控制在哪两处？

4-10 在电动机正反转电路中何为电气互锁？何为机械互锁？

4-11 实现电动机直接由正转变为反转或由反转变为正转的控制要点在何处？

4-12 试分析图 4-26 中各电路中的错误。工作时会出现什么现象？应如何改进？

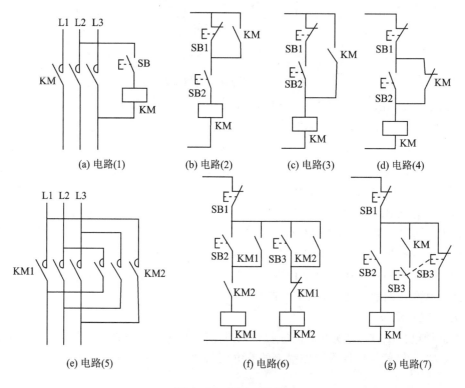

图 4-26 题 4-12 图

4-13 电动机常用的保护环节有哪些？通常它们各自由哪些电器来实现其保护？

4-14　设计一小车运行电气电路图,要求:

① 小车由原位开始前进,到终端后自动停下;

② 小车在终端停留 2 min 后自动停止;

③ 要求能在前进或后退中任意一位置停止或运行。

4-15　两台三相鼠笼式异步电动机 M1、M2,要求 M1 先启动,在 M1 启动后才可进行 M2 的启动,停止时 M1、M2 同时停止。试画出其电气原理图。

4-16　两台三相鼠笼式异步电动机 M1、M2,要求既可实现 M1、M2 的分别启动和停止,又可实现两台电动机同时停止。试画出其电气原理图。

4-17　某机床主轴和润滑油泵各由一台电动机带动。现要求主轴必须在油泵开动后才能开动,主轴能正反转并能单独停车,有短路、失压及过载保护等。试绘出电气原理图。

4-18　当 3 台三相鼠笼式异步电动机启动时,M1 先启动,经 10 s 后 M2 自行启动,运行 30 s 后 M1 停止并同时使 M3 自行启动,再运行 30 s 后其余两台电动机全部停止。试画出其电气原理图。

4-19　两台三相鼠笼式异步电动机的控制要求如下:

① 两台电动机互不影响地独立操作;

② 能同时控制两台电动机的启动和停止;

③ 当任一台电动机发生过载时,两台电动机均停止。

4-20　试述三相异步电动机降压启动的目的以及适应的启动场合。

4-21　比较三相鼠笼式异步电动机的定子绕组串电阻降压启动、自耦变压器降压启动、Y-△降压启动的优缺点。

4-22　分析自耦变压器降压启动控制中应注意的问题。

4-23　简述三相鼠笼式异步电动机的反接制动和能耗制动的基本工作原理。

4-24　比较三相鼠笼式异步电动机的单向运行反接制动和可逆运行反接制动的不同点。

4-25　比较三相鼠笼式异步电动机的单向能耗制动和可逆运行能耗制动的不同点。

第5章 典型设备的电气控制

通过对继电器-接触器电气控制基本线路的学习,本章将研究、分析机械设备的电气控制原理及方法,学习阅读、设计机械设备电气原理图的方法,加深对控制系统典型环节的理解和掌握,能够安装、调试电气控制系统。

机床的电气控制系统不仅要求能够实现正转启动、反转启动、停止、制动和调速,而且还应满足加工工艺的各种要求,具有各种保护措施,如失电保护、过电流保护、过电压保护等。电气控制系统具有工作可靠性高、稳定性好、自动化程度高的优点。在分析控制系统时首先应了解机床的基本结构和工作原理,然后将整个控制系统分解成若干个子系统,对每个系统进行详细分析,找出其中的关键点,掌握其设计思路。

5.1 电气控制电路分析基础

1. 电气控制电路分析的依据

分析设备电气控制的依据是设备本身的基本结构、运行情况、加工工艺要求和对电力拖动自动控制的要求。也就是说,要熟悉了解控制对象,掌握其控制要求,这样分析起来才有针对性。这些依据来源于设备的有关技术资料,主要有设备说明书、电气原理图、电气安装接线图及电器元件一览表等。

2. 电气控制电路分析的内容

通过对各种技术资料的分析,掌握电气控制电路的工作原理、操作方法和维护要求等。

(1) 设备说明书

设备说明书由机械、液压部分与电气两部分组成,阅读这两部分说明书应重点掌握以下内容:

① 设备的构造,主要技术指标,机械、液压、气动部分的传动方式与工作原理。

② 电气传动方式,电动机及执行电器的数目、规格型号、安装位置、用途与控制要求。

③ 了解设备的使用方法,操作手柄、开关、按钮、指示信号装置以及在控制电路中的作用。

④ 必须清楚地了解与机械、液压部分直接关联的电器,如行程开关、电磁阀、电磁离合器、传感器、压力继电器、微动开关等的位置,工作状态以及与机械、液压部分的关系,掌握这些电器在控制中的作用。特别地,应了解机械操作手柄与电器开关元件之间的关系,液压系统与电气控制的关系。

(2) 电气原理图

这是电气控制电路分析的中心内容。电气原理图由主电路、控制电路、辅助电路、保护与联锁环节以及特殊控制电路等部分组成。

在分析电气原理图时,必须与阅读其他技术资料结合起来,根据电动机及执行元件的控制方式、位置及作用,各种与机械有关的行程开关、主令电器的状态来理解电气工作原理。

在分析电气原理图时,还可通过设备说明书提供的电器元件一览表来查阅电器元件的技术参数,进而分析出电气控制电路的主要参数,估计出各部分的电流、电压值,以使在调试或检修中合理地使用仪表进行检测。

(3)电气设备的总装接线图

阅读分析电气设备的总装接线图,可以了解系统的组成分布情况,各部分的连接方式,主要电器元件的布置、安装要求,导线和导线管的规格型号等,以期对设备的电气安装有个清晰的了解。这是电气安装必不可少的资料。

阅读分析电气设备的总装接线图时应与电气原理图、设备说明书结合起来。

(4)电器元件布置图与接线图

这是制造、安装、调试和维护电气设备必需的技术资料。在测试、检修中可通过布置图和接线图迅速方便地找到各电器元件的测试点,进行必要的检测、调试和维修。

3. 电气原理图的阅读分析方法

阅读分析电气原理图的基本原则是"先机后电、先主后辅、化整为零、集零为整、统观全局、总结特点"。最常用的方法是查线分析法,即以某一电动机或电器元件线圈为对象,从电源开始,由上而下,自左至右,逐一分析其接通断开关系,并区分出主令信号、联锁条件、保护环节等。根据图区坐标标注的检索和控制流程的方法分析出各种控制条件与输出结果之间的因果关系。

(1)先机后电

首先了解设备的基本结构、运行情况、工艺要求、操作方法,以期对设备有个总体的了解,进而明确设备对电力拖动自动控制的要求,为阅读和分析电路做好前期准备。

(2)先主后辅

首先,阅读主电路,看设备由几台电动机拖动,了解各台电动机的作用,结合工艺要求弄清各台电动机的启动、转向、调速、制动等的控制要求及其保护环节;其次,主电路的各控制要求是由控制电路来实现的,所以此时要运用化整为零的方法去阅读分析控制电路;最后,分析辅助电路。

(3)化整为零

在分析控制电路时,将控制电路的功能分为若干个局部控制电路,从电源和主令信号开始,经过逻辑判断,写出控制流程,用简洁明了的方式表达出电路的自动工作过程。然后分析辅助电路,辅助电路包括信号电路、检测电路与照明电路等。这部分电路具有相对独立性,起辅助作用而不影响主要功能,这部分电路大多是由控制电路中的元件来控制的,可结合控制电路一并分析。

在某些控制电路中,还设置了一些与主电路、控制电路关系不密切,相对独立的某些特殊环节,如计数装置、自动检测系统、晶闸管触发电路与自动测温装置等,可参照上述分析过程,运用所学过的电子技术、变流技术、检测与转换等知识逐一分析。

(4)集零为整、统观全局

经过"化整为零"逐步分析每一局部电路的工作原理之后,必须用"集零为整"的办法来"统观全局",看清各局部电路之间的控制关系、联锁关系、机—电—液的配合情况,各种保护环节的设置等,以期对整个电路有清晰的理解,对电路中的每个电器、电器中每一对触头的作用了如指掌。

（5）总结特点

各种设备的电气控制虽然都是由各种基本控制环节组合而成,但其整机的电气控制都有各自的特点,这也是各种设备电气控制的区别所在,所以应给予总结,这样才能加深对设备电气控制的理解。

5.2 CA6140 型普通车床的电气控制

5.2.1 CA6140 型普通车床的主要结构及运行形式

普通车床主要有床身、主轴变速箱、进给箱、溜板箱、刀架、尾架、光杠和丝杠等部分组成,以 CA6140 型普通车床为例,如图 5-1 所示。CA6140 型普通车床有两种主要运动:一种是主轴上的卡盘带着工件的旋转运动,称为主运动;另一种是溜板箱带着刀架的直线运动,称为进给运动。

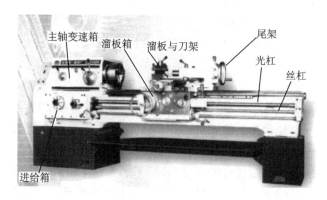

图 5-1 CA6140 型普通车床的外形

5.2.2 CA6140 型普通车床的电力拖动特点和控制要求

1. 主轴电动机 M1

① 主拖动电动机一般选用三相鼠笼式异步电动机,不进行电气调速,而采用齿轮箱进行机械有级调速,由车床主轴箱通过变速箱与主轴电动机的连接来完成(为减小振动,主拖动电动机通过几条传动皮带将动力传递到主轴箱)。

② 在切削螺纹时,要求主轴能够正反向运行,对于小型车床,主轴正反向运行由拖动电动机正反转来实现。当主拖动电动机功率较大时,主轴的正反向运动靠机械部分摩擦离合器来实现。

③ 主轴电动机的启动、停止能实现继电器、接触器的自动控制。一般中小型车床的主轴电动机均采用直接启动;电动机容量较大,通常采用 Y-△或自耦变压器降压启动。实现快速停车时,一般采用机械或电气制动。

2. 冷却泵电动机 M2

① 在车削加工时,为防止刀具与工件温度过高,需要切削液对其进行冷却,为此设置一台冷却泵电动机。冷却泵电动机只需单向旋转。

② 冷却泵与主轴电动机有联锁关系,即冷却泵电动机动作应在主轴电动机之后启动,并在主轴电动机停车时,冷却泵电动机也立即停车。

3. 刀架快速移动电动机 M3

溜板箱在加工后要快速返回,这应由单独的快速移动电动机来拖动,由于使用时间不长,所以宜采用点动控制。

另外,卧式机床控制电路应具有必要的保护环节,如熔断器保护、热继电器保护、欠压和失压保护等,并有电源指示、机床状态指示等,照明灯电压应为安全电压。

5.2.3　CA6140 型普通车床电气控制线路分析

1. CA6140 型普通车床的型号含义

CA6140 型普通车床的型号含义如表 5 - 1 所列。

表 5 - 1　CA6140 型普通车床的型号含义

名　称	C	A	6	1	40
含　义	类代号(车床类)	结构特性代号	组代号(落地及卧式车床组)	系代号(卧式车床系)	主参数折算值

2. 电器元件符号与功能说明

CA6140 型普通车床的电器元件符号与功能说明如表 5 - 2 所列。

表 5 - 2　CA6140 型普通车床的电器元件符号与功能说明

符　号	名称或功能	符　号	名称或功能
M1	主轴驱动电动机	FR2	冷却电动机热过载保护
M2	冷却泵电动机	FU	机床控制短路保护
M3	刀架快移电动机	FU1	M2 短路保护
KM1	主电动机主电路接通接触器	FU2	M3 短路保护
KM2	冷却泵电动机启动接触器	FU3	变压器输入短路保护
KM3	刀架快速移动电动机启动接触器	FU4	电源指示灯短路保护
QF	具有断电保护的电源开关	FU5	机床照明灯短路保护
SB1	主轴电动机启动按钮	FU6	控制电路短路保护
SB2	主轴电动机停止按钮	TC	控制变压器
SB3	刀架快速移动电动机点动按钮	EL	机床照明灯
SA1	冷却泵电动机启动开关	HL	电源指示灯
SA2	机床照明开关	PE	安全接地保护
FR1	主轴电动机热过载保护	—	—

3. 电气原理图

CA6140 型普通车床的电气原理图如图 5 - 2 所示。

(1) 主电路分析

主电路共有 3 台电动机:M1 为主轴电动机,带动主轴旋转和刀架做进给运动;M2 为冷却泵电动机,用以输送切削液;M3 为刀架快速移动电动机。

扳动断路器 QF 至合闸位置,将三相交流电源引入。主轴电动机 M1 由接触器 KM1 控制,热继电器 FR1 做过载保护,接触器 KM1 还具有失压和欠压保护功能。冷却泵电动机 M2 由接触器 KM2 控制,FU1 做短路保护,热继电器 FR2 作为它的过载保护。刀架快速移动电动机 M3 由接触器 KM3 控制,FU2 做短路保护,由于是点动控制,故未设过载保护。FU3 作为控制变压器 TC 输入的短路保护。3 台电动机均设有接地安全保护(PE)。

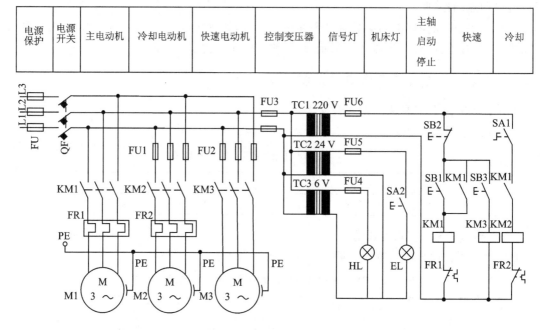

图 5-2　CA6140 型普通车床的电气原理图

（2）控制电路分析

控制电路的电源由控制变压器 TC 二次侧输出 220 V 电压提供。

1）主轴电动机 M1 的控制

M1 启动:按下启动按钮 SB1,接触器 KM1 线圈得电,与 SB1 并联的 KM1 的常开辅助触头闭合自锁,接触器 KM1 的常开主触头闭合,主轴电动机 M1 启动运转,同时接触器 KM2 线圈上方的 KM1 的常开辅助触头闭合,为接触器 KM2 线圈得电做好准备。

M1 停止:按下停止按钮 SB2,接触器 KM1 线圈失电,接触器 KM1 常开主触头复位分断,主轴电动机 M1 失电停转。

主轴的正反转是采用多片摩擦离合器实现的。

2）冷却泵电动机 M2 的控制

由于主轴电动机 M1 和冷却泵电动机 M2 在控制电路中采用顺序控制,所以,只有当主轴电动机 M1 启动后,即 KM1 在 KM2 线圈上方的常开辅助触头闭合,操作手动旋钮开关 SA1 至闭合状态,接触器 KM2 线圈得电,KM2 线圈的 3 对主触头闭合,冷却泵电动机 M2 启动。当 M1 停止运行时,M2 也自行停止。

3）刀架快速移动电动机 M3 的控制

刀架快速移动电动机 M3 的启动是由安装在进给操作手柄顶端的按钮 SB3 控制的,它与交流接触器 KM3 组成点动控制线路。刀架移动方向(前、后、左、右)的改变,是由进给操作手柄配合机械装置实现的。如果需要快速移动,按下点动按钮 SB3 即可。

（3）辅助照明电路分析

控制变压器 TC 的二次侧分别输出 24 V 和 6 V 电压，作为车床低压照明灯和信号灯的电源。EL 作为车床的低压照明灯，由开关 SA2 控制；HL 作为电源信号灯。它们分别由 FU5 和 FU4 作为短路保护。

5.2.4　CA6140 型普通车床电气控制线路的故障与处理

CA6140 型普通车床电气控制线路常见故障与处理方法如表 5 - 3 所列。

表 5 - 3　CA6140 型普通车床电气控制线路常见故障与处理方法

故障现象	故障分析	处理方法
电源正常，接触器不吸合，主轴电动机不启动	1. 熔断器 FU6 熔断或接触不良； 2. 热继电器 FR1 已动作，或常闭触头接触不良； 3. 接触器 KM1 线圈断线或接头接触不良； 4. 按钮 SB1、SB2 接触不良或按钮控制线路有断线	1. 更换熔芯或旋紧熔断器； 2. 检查热继电器 FR1 动作原因及常闭触头接触情况，并予以修复； 3. 若接触器 KM1 线圈断线或接头接触不良，则予以修复；若接触器衔铁卡死，则应拆下重装； 4. 检查按钮触头或线路断线处，并予以修复
电源正常，接触器能吸合，主轴电动机不启动	1. 接触器主触头接触不良； 2. 热继电器发热元件烧断； 3. 电动机损坏，接线脱落或绕组断线	1. 将接触器主触头拆下，用砂纸打磨使其接触良好； 2. 更换热继电器； 3. 检查电动机绕组、接线，并予以修复
接触器能吸合，但不能自锁	1. 接触器 KM1 的自锁触头接触不良或其接头松动； 2. 按钮与自锁触头接线脱落	1. 检查接触器 KM1 的自锁触头是否良好，并予以修复；紧固接线端； 2. 检查按钮与自锁触头接线，并予以修复
主轴电动机缺相运行（主轴电动机转速慢，并发出"嗡嗡"声）	1. 供电电源缺相； 2. 接触器有一相接触不良； 3. 热继电器某相发热元件烧断； 4. 电动机损坏，接线脱落或某相绕组断线	1. 用万用表检测电源是否缺相，并予以修复； 2. 检查接触器触头，并予以修复； 3. 更换热继电器； 4. 检查电动机绕组、接线，并予以修复
主轴电动机不能停转（按 SB2 电动机不停转）	1. 接触器主触头熔焊，接触器衔铁卡死； 2. 接触器铁芯面有油污、灰尘，使衔铁粘住	1. 切断电源使电动机停转，更换接触器主触头； 2. 将接触器铁芯面油污、灰尘擦干净
照明灯不亮	1. 熔断器 FU5 熔断或照明灯泡损坏； 2. 变压器一、二次绕组断线，或松脱、短路	1. 更换熔丝或灯泡； 2. 用万用表检测变压器一、二次绕组断线、短路及接线，并予以修复

5.3 M7130 型平面磨床的电气控制

5.3.1 M7130 型平面磨床的主要结构及运行形式

平面磨床的结构主要由床身、工作台、电磁吸盘、砂轮箱、滑座、立柱等部分组成,以 M7130 型平面磨床为例,如图 5-3 所示。M7130 型平面磨床的主运动是砂轮的旋转运动。进给运动有垂直进给,即滑座在立柱上的上下运动;横向进给,即砂轮箱在滑座上的水平运动;纵向进给,即工作台沿床身的往复运动。工作台每完成一次往复运动,砂轮箱便做一次间断性的横向进给,当加工完整个平面后,砂轮箱将做一次间断性的垂直进给。辅助运动是指砂轮箱在滑座水平导轨上的快速横向移动,滑座沿立柱上直导轨的快速垂直移动,以及工作台往复运动速度的调整等。

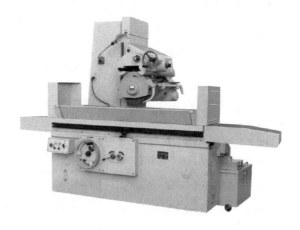

图 5-3 M7130 型平面磨床的外形

5.3.2 M7130 型平面磨床的电力拖动特点和控制要求

M7130 型平面磨床的电力拖动特点和控制要求如下:

① 砂轮、液压泵、冷却泵、3 台电动机都只要求单方向旋转。砂轮升降电动机需双向旋转。

② 冷却泵电动机应与砂轮电动机联动,若加工中不需要冷却液,则可单独关断冷却泵电动机。

③ 在正常加工中,若电磁吸盘吸力不足或消失,则砂轮电动机与液压泵电动机应立即停止工作,以防止工件被砂轮切向力打飞而发生人身和设备事故。在不加工时,即电磁吸盘不工作的情况下,允许砂轮电动机与液压泵电动机启动,机床做调整运动。

④ 电磁吸盘励磁线圈具有吸牢工件的正向励磁、松开工件的断开励磁以及抵消剩磁便于取下工件的反向励磁控制环节。

⑤ 具有完善的保护环节。例如:各电路的短路保护,各电动机的长期过载保护,零压、欠压保护,电磁吸盘吸力不足的欠电流保护,以及线圈断开时产生高电压而危及电路中其他电器设备的过压保护等。

⑥ 具有机床安全照明电路与工件去磁的控制环节。

5.3.3　M7130 型平面磨床电气控制线路分析

1. M7130 型平面磨床的型号含义

M7130 型平面磨床的型号含义如表 5－4 所列。

表 5－4　M7130 型平面磨床的型号含义

名　称	M	7	1	30
含　义	磨床	平面	卧轴柜台式	工作台的工作面宽为 300 mm

2. 电器元件符号与功能说明

M7130 型平面磨床的电器元件符号与功能说明如表 5－5 所列。

表 5－5　M7130 型平面磨床的电器元件符号与功能说明

符　号	名称或功能	符　号	名称或功能
M1	砂轮电动机	VC	可控硅整流器
M2	冷却泵电动机	YH	电流吸盘
M3	液压泵电动机	KA	欠电流继电器
QS1	电源开关	SB1	按钮
QS2	转换开关	SB2	按钮
SA	照明灯开关	SB3	按钮
FU1	熔断器	SB4	按钮
FU2	熔断器	R1	电阻
FU3	熔断器	R2	电阻
FU4	熔断器	R3	电阻
KM1	接触器	C	电容
KM2	接触器	EL	照明灯
FR1	热继电器	X1	接插器
FR2	热继电器	X2	接插器
T1	整流变压器	XS	插座
T2	整流变压器	—	—

3. 电气原理图

M7130 型平面磨床的电气原理图如图 5－4 所示。

（1）主电路分析

QS1 为电源开关，主电路中有 3 台电动机，M1 为砂轮电动机，M2 为冷却泵电动机，M3 为液压泵电动机，它们共用一组熔断器 FU1 作为短路保护。由于冷却泵电动机 M2 和砂轮电动机 M1 同时工作，所以 M2 和 M1 都用接触器 KM1 控制，用热继电器 FR1 进行过载保护。冷却泵电动机的容量较小，没有单独设置过载保护，与砂轮电动机 M1 共用 FR1；液压泵电动机 M3 由接触器 KM2 控制，由热继电器 FR2 作过载保护。

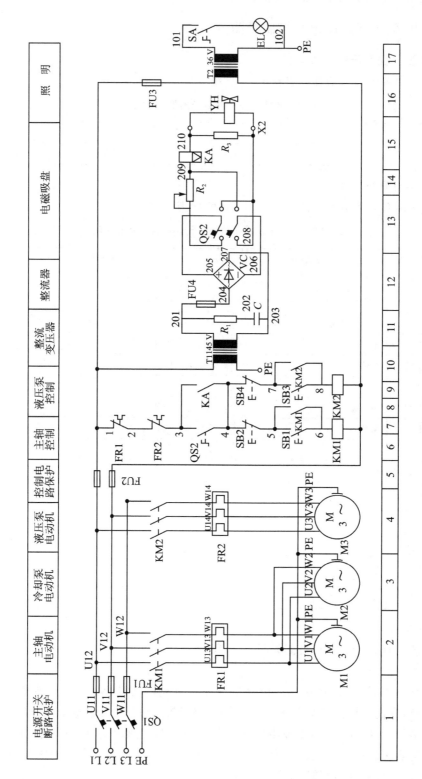

图 5-4 M7130型平面磨床的电气原理图

（2）控制电路分析

控制电路采用 380 V 交流电压供电,由熔断器 FU2 作短路保护。

在电动机的控制电路中,串接着转换开关 QS2 的常开触头[6 区(3～4)]和欠电流继电器 KA 的常开触头[8 区(3～4)],因此,电动机 M1、M2、M3 的启动条件是使 QS2 或 KA 的常开触头闭合。欠电流继电器 KA 线圈[14 区(209～210)]串接在电磁吸盘 YH[15 区(208～210)]工作电路中,所以当电磁吸盘得电工作时,欠电流继电器 KA 线圈得电吸合,接通砂轮电动机 M1 和液压泵电动机 M3 的控制电路,从而保证加工工件被电磁吸盘 YH 吸住,此时砂轮和工作台才能进行磨削加工,保证工件不在无吸力的情况下飞出伤人或设备。

砂轮电动机 M1 和液压泵电动机 M3 的控制电路都能自锁,且是单向运转,SB1[6 区(5～6)]启动 KM1 接触器,SB3[8 区(7～8)]启动 KM2 接触器,SB2[6 区(4～5)]停止 KM1 接触器,SB4[8 区(4～7)]停止 KM2 接触器。

（3）电磁吸盘电路分析

1）电磁吸盘通过电磁吸力来固定金属工件

与机械夹具相比,其具有夹紧迅速、操作快速简便,工件无夹痕,一次吸牢多个小工件,以及磨削中发热工件可自由伸缩、不会变形等优点;缺点是,只能吸铁磁工件,不能吸非磁性材料(如钢、铜等)的工件。

2）电磁吸盘 YH 的外壳由钢制箱体和盖板组成

加工前先对盖板磨削找平,在箱体内部均匀排列的多个凸起的铁芯上绕有线圈,盖板则用非磁性材料(如铅锡合金)隔离成若干钢条。当线圈通入直流电后,凸起的铁芯和隔离的钢条均被磁化形成磁极。当工件放在电磁吸盘上时,其将被牢牢吸住,同时被磁化而产生与磁盘相异的磁极。

3）电磁吸盘电路由整流、保护、调压 3 部分组成

整流变压器 T1 将 220 V 的交流电压降为 145 V,然后经桥式整流器 VC[12 区(205～206)]整流后,再经滑动变阻 R_2 调压输出 110 V 直流电压。

QS2 是电磁吸盘 YH 的转换控制开关(又叫退磁开关),有"吸合刀""放松"和"退磁"3 个位置。当 QS2 扳至"吸合刀"位置时,触头[12～13 区(205～208)和(206～209)]闭合,110 V 直流电压接入电磁吸盘 YH[15 区(208～210)],工件被牢牢吸住。此时,欠电流继电器 KA 线圈[14 区(209～210)]得电吸合,KA 的动合触头[8 区(3～4)]闭合,接通砂轮和液压泵电动机的启动控制电路。待工件加工完毕,先把 QS2 扳到"放松"位置,切断电磁吸盘 YH 的直流电源。此时,由于工件具有剩磁而不易取下,因此必须进行"退磁"。将 QS2 扳到"退磁"位置。这时,触头[12～13 区(205～207)和(206～208)]闭合,电磁吸盘 YH 通入较小的(因串入了退磁电阻 R_2)反向电流进行退磁。退磁结束,将 QS2 扳回到"放松"位置,即可将工件取下。

若将工件夹在工作台上,而不需要电磁吸盘,则应将电磁吸盘 YH 的 X2 插头从插座上拔下,同时将转换开关 QS2 扳到"退磁"位置,这时接在控制电路中的 QS2 的常开触头[6 区(3～4)]闭合,接通电动机的控制电路。

电磁吸盘的保护电路是由放电电阻 R_3 和欠电流继电器 KA 组成。电阻 R_3 是电磁吸盘的放电电阻,在电磁吸盘断开时形成放电回路。欠电流继电器 KA 用以防止电磁吸盘断电时工件飞出造成伤害。

电阻 R_1 与电容 C 的作用是灭弧,即防止电磁吸盘电路在接通或断开时变压器副绕组产

生的感应电流烧坏触头或电路的其他元件。熔断器 FU4 为电磁吸盘提供短路保护。

4）照明电路分析

照明变压器 T2 将 380 V 的交流电压降为 36 V 的安全电压供给照明电路。EL 是照明灯,一端接地,另一端由开关 SA 控制。熔断器 FU3 用于照明电路的短路保护。

5.3.4　M7130 型平面磨床电气控制线路的故障与处理

M7130 型平面磨床电气控制线路常见故障与处理方法如表 5-6 所列。

表 5-6　M7130 型平面磨床电气控制线路常见故障与处理方法

故障现象	故障分析	处理方法
电源正常,3 台电动机都不能启动	1. 欠电流继电器 KA 的动合触头[8 区(3~4)]接触不良、接线松脱或有油垢,使电动机的控制电路处于断电状态; 2. 转换开关 QS2 的触头[6 区(3~4)]接触不良、接线松脱或有油垢,使电动机的控制电路处于断电状态; 3. 检查热继电器 FR1、FR2 的常闭触头是否动作或接触不良	1. 修理或更换欠电流继电器 KA 触头元件; 2. 修理或更换热继电器 FR1、FR2 元件; 3. 修理或更换转换开关 QS2
砂轮电动机的热继电器 FR1 经常脱扣	1. 装入式砂轮电动机 M1 的前轴承是铜瓦,易磨损,磨损后易发生堵转现象,使电流增大,导致热继电器脱扣; 2. 砂轮进刀量太大,电动机超负荷运行,造成电动机堵转,使电流急剧上升,热继电器脱扣; 3. 更换后的热继电器规格选定大小或整定电流没有重新调整,使电动机还未达到额定负载时热继电器就已脱扣	1. 修理或更换轴瓦; 2. 工作中应选择合适的进刀量,防止电动机超载运行; 3. 注意热继电器必须按其被保护电动机的额定电流进行选择和调整
冷却泵电动机烧坏	1. 切削液进入电动机内部,造成匝间或绕组间短路,使电流增大; 2. 反复修理冷却泵电动机后,使电动机端盖轴间隙增大,造成转子在定子内不同心,工作时电流增大,电动机长时间过载运行; 3. 冷却泵被杂物塞住引起电动机堵转,电流急剧上升	1. 给冷却泵电动机单独加装热继电器; 2. 给冷却泵电动机加装手控开关 SA; 3. 清理冷却泵杂物,并清洗管路
电磁吸盘无吸力	1. 电源电压不正常; 2. 电源电压正常,而熔断器 FU4 熔断,造成电磁吸盘电路断开,使吸盘无吸力; 3. 电磁吸盘 YH 的线圈、接插器 X2、欠电流继电器 KA 的线圈有断路或接触不良的现象	1. 检修电源; 2. 更换 FU4; 3. 查出故障元件,进行修理或更换
电磁吸盘吸力不足	1. 电磁吸盘损坏; 2. 整流器输出电压不正常	1. 更换电磁吸盘线圈; 2. 测量整流器的输出及输入电压,查出故障元件,进行更换或修理

故障现象	故障分析	处理方法
电磁吸盘退磁不好使工件取下困难	1. 退磁电路断路,根本没有退磁; 2. 退磁电压过高; 3. 退磁时间太长或太短	1. 检查转换开关 QS2 接触是否良好,退磁电阻 R_2 是否损坏; 2. 应调整电阻 R_2,使退磁电压调至 $5\sim10$ V; 3. 不同材质的工件的退磁时间不同,注意掌握好退磁时间

5.4　X62W 型卧式万能铣床的电气控制

铣床主要用来加工机械零件的平面、斜面、沟槽等型面,装上分度头后还可以加工齿轮。由于用途广,在金属切屑机床中的使用数量仅次于车床。下面以 X62W 型卧式万能铣床为例介绍铣床的结构、传动形式及控制系统。

5.4.1　X62W 型卧式万能铣床的主要结构及运行形式

X62W 型卧式万能铣床的主要结构由床身、主轴、工作台、悬梁、回转盘、横溜板、刀杆、升降台、底座等几部分组成,如图 5 - 5 所示。

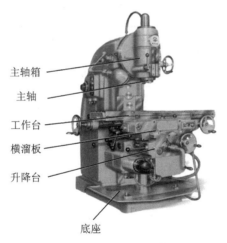

主轴箱

主轴

工作台

横溜板

升降台

底座

图 5 - 5　X62W 型卧式万能铣床的外形

X62W 型卧式万能铣床有两种主要运动:一种是主轴带动铣刀的旋转运动称为主运动,另一种是铣床工作台的前、后、左、右、上、下 6 个方向的运动称为进给运动。其他的运动属于辅助运动,如圆工作台的旋转运动。

5.4.2　X62W 型卧式万能铣床的电力拖动特点和控制要求

X62W 型卧式万能铣床的电力拖动特点和控制要求如下:

① 铣床在铣削加工时,进给量小时用高速,反之用低速。这就要求主传动系统能够调速,而且主轴控制系统采用恒功率调速,主轴电动机采用三相鼠笼式异步电动机。

② 为了能进行顺铣和逆铣加工,要求主轴能够实现正反转。

③ 铣床主轴电动机采用直接启动;停车时,由于传动系统惯性大,为此采取电气制动措施。

④ 当主轴变速时,为使变速箱内齿轮易于啮合,要求主轴电动机变速时有变速冲动控制。

⑤ 铣床工作台有前、后、左、右、上、下 6 个方向的进给运动和快速移动,要求进给电动机实现正反转,并通过操作手柄和机械离合器配合来实现。

⑥ 为防止刀具、床体的损坏,要求只有主轴启动后才允许有进给运动和进给方向的快速移动。

⑦ 要求有冷却系统、36 V 或 24 V 照明安全电压;交流控制回路采用变压器 127 V 供电控制。

5.4.3 X62W 型卧式万能铣床电气控制线路分析

1. X62W 型卧式万能铣床的型号含义

X62W 型卧式万能铣床的型号含义如表 5-7 所列。

表 5-7　X62W 型卧式万能铣床的型号含义

名　称	X	6	2	W
含　义	铣床	卧式	2 号工作台(用 0、1、2、3、4 号表示工作台台面宽度)	万能

2. 电器元件符号与功能说明

X62W 型卧式万能铣床的电器元件符号与功能说明如表 5-8 所列。

表 5-8　X62W 型卧式万能铣床的电器元件符号与功能说明

符　号	名称及功能	符　号	名称及功能
M1	主轴电动机	KM1	主轴启动接触器
M2	进给电动机	KM2	主轴制动接触器
M3	冷却泵电动机	KM3	M2 正转接触器
SA1	换刀开关	KM4	M2 反转接触器
SA2	圆工作台开关	SB1	M1 停止按钮
SA3	冷却泵开关	SB3	M1 启动按钮
SA4	M1 正、反转	SB5、SB6	电磁铁启动按钮
SA5	照明灯开关	YA	快速进给电磁离合器
FU1	电源短路保护	SQ1	进给后限位开关
FU2	进给短路保护	SQ2	进给左限位开关
FU3	控制电路短路保护	SQ3	进给下限位开关
FU4	照明电路短路保护	SQ4	进给前限位开关
FR1	M1 过载保护	SQ5	进给上限位开关
FR2	M2 过载保护	SQ6	进给右限位开关
FR3	M3 过载保护	SQ7	主轴冲动位置开关
TL	照明电路用电源变压器	QS	总电源开关
TC	控制电路用电源变压器	—	—

3. 电气原理图

X62W 型卧式万能铣床的电气原理图如图 5-6 所示。

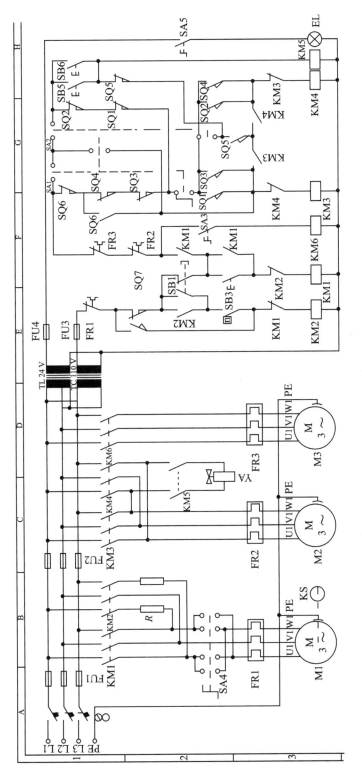

图 5-6　X62W型卧式万能铣床的电气原理图

（1）主电路分析

A 区是总断路保护，B 区是主电动机正、反转及制动冲动，C 区是工作台进给正、反转，D 区是冷却泵电动机。主电路中共有 3 台电动机，M1 是主轴电动机，拖动主轴带动铣刀进行铣削加工，SA4 作为 M1 的换向开关；M2 是进给电动机，通过操纵手柄和机械离合器的配合拖动工作台进行前、后、左、右、上、下 6 个方向的进给运动和快速移动，其正反转由接触器 KM3、KM4 来实现；M3 是冷却泵电动机，供应切削液，且当 M1 启动后 M3 才能启动，用手动开关 SA3 控制；3 台电动机共用熔断器 FU1 作短路保护，分别用热继电器 FR1、FR2、FR3 作过载保护。

（2）控制电路分析

控制电路的电源由控制变压器 TC 输出 110 V 电压供电。E 区包含控制、照明变压器，以及变速冲动、断路保护、制动；F 区是冷却泵电动机控制，工作台冲动右、前、下方向；G 区是冲动左、后、上方向；H 区是快速进给及照明电路。

1）主轴电动机 M1 的控制

KM1 是控制主轴电动机 M1 启动的接触器，SQ7 是主轴变速时瞬时点动的位置开关。主轴电动机是经过弹性联轴器和变速机构的齿轮传动链来实现传动的，可使主轴具有 18 级不同的转速（30～1 500 r/min）。

2）主轴电动机 M1 的启动

启动前，应首先选择好主轴的转速，然后合上 A1 区电源开关 QS，再把 B2 区主轴换向开关 SA4 扳到所需要的转向位置。按下 E2 区启动按钮 SB3，E3 区接触器 KM1 线圈得电，B1 区 KM1 主触头得电闭合和 F2 区 KM1 常开辅助触头得电自锁，B3 区主轴电动机 M1 启动运转，F2 区 KM1 常开辅助触头使 FR2、FR3 常闭触头得电，为工作台进给电路提供了控制电源。

3）主轴电动机 M1 的制动

铣削完毕，需要主轴电动机 M1 停止时，按下 E2 区停止按钮 SB1，其常闭触头断开 E3 区 KM1 线圈，接触器 KM1 的常开主触头复位，电动机 M1 断电惯性运转，SB1 的常开触头闭合，接通 E3 区 KM2 线圈，主轴电动机 M1 反接制动停转，当速度下降到速度继电器设定的速度时，位于 E2 区的速度继电器断开，使 E3 区 KM2 线圈失电。

4）主轴变速时的瞬时点动（变速点动控制）

主轴变速箱装在床身左侧窗口上，变速由一个变速手柄和一个变速盘来实现。主轴变速时自动控制，是利用变速手柄与冲动位置开关 SQ7 通过机械上的联动机构进行控制的。当瞬时点动过程中齿轮系统没有实现良好啮合时，可以重复上述过程直到啮合为止。变速前应先停车。

（3）进给电动机 M2 的控制

工作台的进给运动在主轴启动后方可进行。工作台的进给可在 3 个坐标的 6 个方向上运动，即工作台的左、右运动，工作台的前、后运动，升降台的上、下运动。这些进给运动是通过两个操纵手柄和机械联动机构，控制相应的位置开关，使进给电动机 M2 正转或反转来实现的，并且 6 个方向的运动是联锁的，不能同时接通。

1）圆形工作台的控制

为了扩大铣床的加工范围，可在铣床工作台上安装附件圆形工作台，进行对圆弧或凸轮的铣削加工。转换开关 SA1、SA2 就是用来控制圆形工作台的。当需要圆形工作台旋转时,将开关 SA1 转到接通位置,此时位于 G 区中部的一组触头接通,上、下的触头均断开;SA2 上部触头接通,下面的触头断开,使 KM3 线圈得电,电动机 M2 启动,通过一根专用轴带动圆形工作台做旋转运动。当不需要圆形工作台旋转时,切换转换开关 SA1,使其上 2 组触头断开,下面的触头接通,以保证圆形工作台在 6 个方向的进给运动。

2) 工作台的左右进给运动

工作台的左右进给运动由左右进给操作手柄控制。操作手柄与位置开关 SQ1 和 SQ2 联动,有左、中、右 3 个位置,其控制关系如表 5-9 所列。

表 5-9　工作台左右进给手柄位置及其控制关系

手柄位置	位置开关动作	接触器动作	电动机 M2 转向	传动链搭合丝杠	工作台运动方向
左	SQ1	KM3	正转	左右进给丝杠	向左
中	—	—	停止	—	停止
右	SQ2	KM4	反转	左右进给丝杠	向右

当手柄扳向中间位置时,位置开关 SQ1 和 SQ2 均未被压合,进给控制电路处于断开状态;当手柄扳向左或右位置时,手柄压下位置开关 SQ1 或 SQ2,使 SQ1 或 SQ2 的常开触头闭合,其常闭触头断开,接触器 KM3 或 KM4 得电动作,电动机 M2 正转或反转。由于在 SQ1 或 SQ2 被压合的同时,通过机械机构已将电动机 M2 的传动链与工作台下面的左右进给丝杠相结合,所以电动机 M2 的正转或反转就拖动工作台向左或向右运动。当工作台向左或向右进给到极限位置时,位置开关 SQ1 或 SQ2 复位,电动机的传动链与左右丝杠脱离,电动机 M2 停转,工作台停止进给,实现了左右运动的终端保护。

3) 工作台的上下和前后进给

工作台的上下和前后进给运动是由一个手柄控制的。该手柄与位置开关 SQ3 和 SQ4 联动,有上、下、前、后、中 5 个位置,其控制关系如表 5-10 所列。

表 5-10　工作台上、下、中、前、后进给手柄及其控制关系

手柄位置	位置开关动作	接触器动作	电动机 M2 转向	传动链搭合丝杠	工作台运动方向
上	SQ4	KM4	反转	上下进给丝杠	向上
下	SQ3	KM3	正转	上下进给丝杠	向下
中	—	—	停止	—	停止
前	SQ3	KM3	正转	前后进给丝杠	向前
后	SQ4	KM4	反转	前后进给丝杠	向后

当手柄扳至中间位置时,位置开关 SQ3 和 SQ4 均未被压合,工作台无任何进给运动;当手柄扳向下或向前位置时,手柄压下位置开关 SQ3,使其 G 区常闭触头断开,常开触头闭合,接触器 KM3 得电动作,电动机 M2 正转,带动着工作台向下或向前运动;当手柄扳向上或向后时,手柄压下位置开关 SQ4,使其 G 区常闭触头断开,常开触头闭合,接触器 KM4 线圈得电动作,电动机 M2 反转,带动着工作台向上或向后运动;当手柄扳向上或向下时,手柄在压下位置开关 SQ3 或 SQ4 的同时,通过机械机构将电动机 M2 的传动链与升降台上下进给丝杠搭合,当 M2 得电正转或反转时,就带着升降台向下或向上运动;同理,当手柄扳向前或向后时,手柄

在压下位置开关 SQ3 或 SQ4 的同时,又通过机械将电动机 M2 的传动链与溜板下面的前后进给丝杠搭合,当 M2 得电正转或反转时,就又带着溜板向前或向后运动。与左、右进给一样,当工作台在上、下、前、后 4 个方向的任一个方向进给到极限位置时,挡铁都会碰撞手柄连杆,使手柄自动复位到中间位置,位置开关 SQ3 或 SQ4 复位,上下丝杠或前后丝杠与电动机传动链脱离,电动机和工作台就停止了运动。

两个操作手柄被定于某一方向后,只能压下 4 个位置开关 SQ3、SQ4、SQ1、SQ2 中的一个开关,接通电动机 M2 正转或反转电路,同时通过机械机构将电动机的传动链与 3 根丝杠(左右丝杠、上下丝杠、前后丝杠)中的一根(只能是一根)丝杠搭合,拖动工作台沿选定的进给方向运动,而不会沿其他方向运动。

4)左右进给手柄与上下前后进给手柄的联锁控制

在两个手柄中,只能进行其中一个进给方向上的操作,即当一个操作手柄被定在某一进给方向后,另一个操作手柄必须置于中间位置,否则将无法实现任何进给运动,这是因为在控制电路中对两者实行了联锁保护。例如,当把左右进给手柄扳向左时,若又将另一个进给手柄扳到向下的进给方向,则位置开关 SQ1 和 SQ3 均被压下,它们位于 G 区的常闭触头均断开,断开了接触器 KM3 和 KM4 的通路,电动机 M2 只能停止转动,保证了操作的安全。

5)进给变速时的瞬时点动

与主轴变速时一样,当进给变速时,为使齿轮进入良好的啮合状态,也要进行变速后的瞬时点动。当进给变速时,必须先把进给操纵手柄放在中间位置,然后将进给变速盘(在升降台前面)向外拉出,使进给齿轮松开,转动变速盘选定进给速度后,再将变速盘向里推回原位,齿轮便重新啮合。在推进的过程中,挡块压下位置开关 SQ6,其常闭触头断开,常开触头接通(F区),此时旋转 SA1、SA2 使其上面一组触头均接通,接触器 KM3 得电动作,电动机 M2 启动;但随着变速盘复位,位置开关 SQ6 也跟着复位,使 KM3 断电释放,M2 失电停止转动,这样电动机 M2 只瞬时点动一下,齿轮系统转过一个小角度,齿轮便顺利啮合了。

6)工作台的快速移动控制

在不进行铣削加工时,可使工作台快速移动。6 个进给方向的快速移动是通过两个进给操作手柄和快速移动按钮配合实现的。安装好工件后,扳动进给操作手柄选定进给方向,按下快速移动按钮 SB5 或 SB6(两地控制),接触器 KM5 线圈得电,KM5 的常开触头接通,电磁离合器 YA 得电,将齿轮传动链与进给丝杠分离。由于工作台的快速移动采用的是点动控制,故松开 SB5 或 SB6,快速移动停止。

(4)冷却泵及照明电路的控制

主轴电动机 M1 和冷却泵电动机 M3 采用的是顺序控制,即只有在主轴电动机 M1 启动后冷却泵电动机 M3 才能启动。冷却泵电动机 M3 由手动转换开关 SA3 控制。

铣床照明由变压器 TL 供给 24 V 的安全电压,由开关 SA5 控制。熔断器 FU4 作照明电路的短路保护。

5.4.4 X62W 型卧式万能铣床电气控制线路的故障与处理

X62W 型卧式万能铣床的主轴运动由电动机 M1 拖动,通过变换齿轮调速,在电气原理图中不仅保证了上述控制要求,而且在变速过程中采用了电动机的冲动和制动。

铣床的辅助运动是工作台导轨的左右、上下及前后进给或快速移动,用手柄选择运动方向,使电动机正、反旋转,并通过电气和机械的配合来实现。同样,工作台的进给速度也通过变换齿轮来实现,电气控制原理与主轴变速类似。

由于 X62W 型卧式万能铣床的机械操纵与电气控制配合紧密,因此,调试与维修不仅要熟悉电气原理,而且还要对机床操作与机械传动原理有足够的了解。

X62W 型卧式万能铣床电气控制线路常见故障与处理方法如表 5－11 所列。

表 5－11　X62W 型卧式万能铣床电气控制线路常见故障与处理方法

故障现象	故障分析	处理方法
主轴停车时无制动或产生短时反转	1. 速度继电器 KS 的常开触头不能按旋转方向正常闭合,如推动触头的胶木摆杆断裂损坏,轴身圆锥销扭弯、磨损或弹性连接元件损坏,螺钉、销钉松动或打滑; 2. 速度继电器 KS 的触头弹簧调得过紧,使反接制动电路过早切断,制动效果不明显; 3. 速度继电器 KS 的永磁体磁性消失,使制动效果不明显; 4. 当速度继电器 KS 弹簧调的过松时,使触头断开过迟,在反转惯性的作用下,电动机停止后仍有短时反转现象	1. 检查速度继电器 KS 的常开触头,更换胶木摆杆、圆锥销及螺钉等,并将损坏元件修复或更换; 2. 调整速度继电器 KS 触头弹簧的松紧,观察制动效果; 3. 检查速度继电器 KS 的永磁体,损坏则更换; 4. 将弹簧调紧,若弹簧不能调节,则更换弹簧
工作台各个方向都不能进给	1. 电动机 M2 不能启动,电动机接线脱落或电动机绕组断线; 2. 接触器 KM1 线圈烧坏,造成电磁铁不吸合; 3. 接触器 KM1 的主触头接触不良或脱落; 4. 经常扳动操作手柄,开关受到冲击,行程开关 SQ1～SQ6 位置发生变化或损坏; 5. 变速冲动开关 SQ7 在复位时不能接通或接触不良	1. 检查电动机 M2 是否完好,若损坏,则修复; 2. 检查接触器 KM1,控制变压器一、二次绕组及电源电压是否正常,熔断器的熔丝是否熔断,并予以修复; 3. 检查接触器 KM1 的主触头并予以修复; 4. 调整行程开关 SQ1～SQ6 的位置或予以更换; 5. 调整变速冲动开关 SQ7 的位置,检查触头接触情况,并予以修复
主轴电动机不能启动	1. 启动按钮损坏,接线松脱,接触不良或接触器线圈、导线断线; 2. 变速冲动开关 SQ7 的触头(E 区)接触不良,开关位置移动或撞坏	1. 更换按钮,紧固导线,检查与修复线圈; 2. 检查冲动开关 SQ7 的触头,调整开关位置,若损坏则修复
主轴电动机不能冲动(瞬时转动)	冲动开关 SQ7 经常受到频繁冲击,使开关位置改变、开关底座被撞碎或接触不良	修理或更换冲动开关 SQ7,调整其动作行程
进给电动机不能冲动(瞬时转动)	行程开关 SQ1～SQ6 经常受到频繁冲击,使开关位置改变、开关底座被撞碎或接触不良	修理或更换行程开关 SQ1～SQ6,调整开关动作行程

故障现象	故障分析	处理方法
工作台能向左、向右进给,但不能向前、向后、向上、向下进给	1. 限位开关 SQ3、SQ4 经常被压合,使螺钉松动、开关移位、触头接触不良、开关机构卡住及线路断开; 2. 限位开关 SQ1 或 SQ2 被压开,使进给接触器 KM3、KM4 的通电回路均被断开	1. 检查与调整 SQ3 或 SQ4,若损坏则修复或更换; 2. 检查 SQ1 或 SQ2 是否复位,并予以修复
工作台能向前、向后、向上、向下进给,但不能向左、向右进给	1. 限位开关 SQ1、SQ2 经常被压合,使螺钉松动、开关移位、触头接触不良、开关机构卡住及线路断开; 2. 限位开关 SQ3 或 SQ4 被压开,使进给接触器 KM3、KM4 的通电回路均被断开	1. 检查与调整 SQ1 或 SQ2,并予以修复或更换; 2. 检查 SQ3 或 SQ4 是否复位,并予以修复
工作台不能快速移动	1. 由于牵引电磁铁 YA 冲击力大、操作频繁,所以经常造成铜制衬垫磨损严重,产生毛刺划伤线圈绝缘层,引起匝间短路烧毁线圈; 2. 线圈的接线松脱; 3. 控制回路电源故障或 KM3 线圈断开; 4. 按钮 SB5 或 SB6 接线松动、脱落	1. 如果铜制衬垫磨损严重则更换牵引电磁铁 YA,如果线圈烧毁则重新绕制或更换; 2. 紧固线圈接线; 3. 检查控制回路电源及 KM5 线圈情况,并予以修复或更换; 4. 检查 SB5 或 SB6 接线,并予以紧固

5.5 机-电-液联合控制实例

在前面的学习过程中已经讲述了典型设备的电气控制,本节通过实例对机-电-液联合控制进行详细说明。采用位置传感器检测双作用缸活塞杆的伸出状况,通过继电器控制电路控制电磁阀线圈的通电状态,进而改变两个液压缸的进液口和出液口,使活塞杆完成既定的伸缩顺序。本节还分析了系统设计中各动作响应触发条件相同时的不同设计方法。

5.5.1 难点分析

注意:本小节中"↑"指活塞向右运行,"↓"指活塞向左运行。

自动化控制设备中多采用继电器、接触器、液动等联合控制,设计中一般首先分析各传感器状态,然而有时会遇到某两个动作执行前,各传感器状态相同,此时系统就不知何去何从了。

例如,有两个单活塞液压缸"1A"和"2A",工作过程如下:

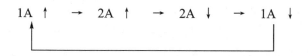

可启动、停止,整个过程能自动运行。

假设双作用液压缸"1A"的活塞杆左端极限位置和右端极限位置分别为"1B1"和"1B2",

双作用液压缸"2A"的活塞杆左端极限位置和右端极限位置分别为"2B1"和"2B2",相应位置检测到活塞杆则状态为"1",未检测到活塞杆则状态为"0"。活塞杆伸缩位置状态如表 5-12 所列。

表 5-12　活塞杆伸缩位置状态

检测元件 活塞动作	1B1	1B2	2B1	2B2
1A↑	1	0	1	0
2A↑	0	1	1	0
2A↓	0	1	0	1
1A↓	0	1	1	0

由表 5-12 可知,"2A↑"和"1A↓"两个动作执行前各检测元件状态相同,使得系统响应具有不确定性。

5.5.2　液压系统设计

如图 5-7 所示,整个液路用到两个双作用液压缸、两个二位四通电磁换向阀(编号"T"的出液口接油箱)、两个节流阀、一个液压源。

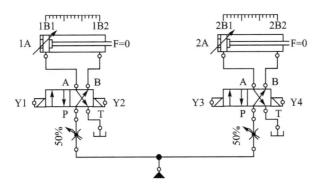

图 5-7　双作用液动缸主回路

当电磁阀的线圈 Y1 得电时,液压源的压力液体左行,流经节流阀、电磁阀的端口"P"、端口"A",流入双作用液压缸 1A 的左腔,其右腔液体流经电磁阀的端口"B"、端口"T"回到油箱;如果电磁阀的线圈 Y1 失电,同时 Y2 得电,则液压源的压力液体左行,经节流阀、电磁阀的端口"P"、端口"B"流入双作用液压 1A 的右腔,其左腔液体经左边电磁阀的端口"A"、端口"T"流回油箱。

当电磁线圈 Y4 失电、Y3 得电时,液压源的压力液体经节流阀、右边电磁阀的端口"P"、端口"A"进入 2A 液压缸左腔,右腔液体经右边电磁阀的端口"B"、端口"T"流回油箱;当电磁线圈 Y3 失电、Y4 得电时,液压源的压力液体经节流阀、右边电磁阀的端口"P"、端口"B"进入 2A 液压缸的右腔,其左腔液体经右边电磁阀的端口"A"、端口"T"流回油箱。

5.5.3 电控系统设计

方案一 常规继电器方案

常规继电器方案如图 5-8 所示。

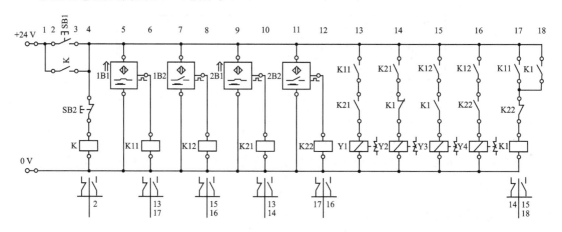

图 5-8 常规继电器控制

如图 5-8 所示,若 2~3 区的按钮 SB1 常开触头闭合,则 4 区的直流继电器 K 的线圈通电,K 位于 2~3 区的常开辅助触头接通并保持,此时分别位于 5 区、7 区、9 区、11 区的 1B1、1B2、2B1、2B2 四个位置的检测传感器得电并开始工作。因为图 5-7 中双作用液压缸 1A、2A 的活塞杆均未伸出;图 5-8 中,5 区的 1B1 位置的检测传感器检测活塞且有直流电压输出,从而 6 区的继电器 K11 线圈通电,9 区的 2B1 位置的检测传感器检测到活塞且有电流电压输出,从而 10 区的继电器 K21 线圈通电;位于 13 区的 K11、K21 常开触头都闭合使 Y1 线圈得电,将活塞吸至左位,使图 5-7 中左边的液动阀由 P 到 A 进液,由 B 到 T 排液,使 1A 液压缸的活塞杆伸出;同时位于 17 区 K11 常开触头使 K1 线圈得电并自锁,在液压缸 1A 伸出过程中,虽然液压缸 1A 的活塞离开原位置,使 K11 线圈失电,进而 K11 常开触头断开,Y1 线圈失电,但位于 14 区的 K1 常闭触头也断开 Y2 线圈,所以 1A 液压缸的活塞仍停在原位。

当双作用液压缸 1A 的活塞杆伸到右端位置时,1B2 位置外的检测传感器检测到活塞使继电器 K12 线圈通电,15 区、16 区的 K12 触头接通,因为 K1 常开仍接通,从而 Y3 线圈通电,使图 5-7 中右边的液动阀由 P 到 A 进液,由 B 到 T 排液,使双作用液压缸 2A 的活塞杆向右伸出。

当双作用液压缸 2A 的活塞杆伸至右端时,2B2 位置处的检测传感器检测到活塞使继电器 K22 线圈通电,17 区的 K22 常闭触头断开,位于 14 区的 K1 常闭触头闭合,位于 15 区的 K1 常开触头断开 Y3 线圈;同时位于 16 区的 K22 常开触头闭合使 Y4 线圈得电,将 2A 液压缸的活塞吸到右位,使图 5-7 中右边的液动阀由 P 到 B 进液,由 A 到 T 排液,使双作用液压缸 2A 的活塞杆向左运行。

当双作用液压缸 2A 的活塞杆退回到 2B1 时,2B1 处的检测传感器检测到活塞使继电器 K21 线圈通电,14 区的 K21 常开接通,从而 Y2 线圈通电,使图 5-7 中左边的电磁换向阀由 P 到 B 进液,A 到 T 排液,使双作用液压缸 1A 的活塞杆向左退回。

当双作用液压缸 1A 的活塞杆向左退回至 1B1 位置后重复上述动作。

方案二　延时继电器方案

延时继电器方案如图 5 - 9 所示。

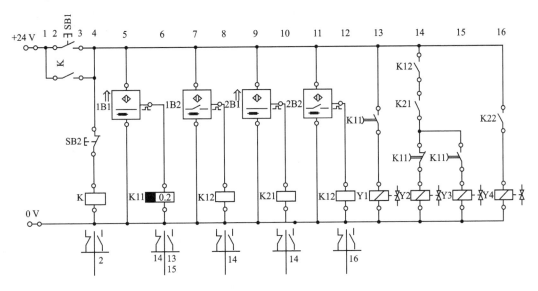

图 5 - 9　延时继电器控制

　　若按钮 SB1 常开触头闭合,则继电器 K 的线圈通电,它的常开辅助触头接通并保持,同时 1B1、1B2、2B1、2B2 四个位置的检测传感器有直流电压输出,其输出端所接继电器通电并开始工作。因双作用液压缸 1A、2A 的活塞都在缸体左端,1B1 位置的检测传感器检测到活塞,其输出端有直流电压输出,使延时继电器 K11 线圈通电并开始工作;2B1 位置的传感器检测到活塞并输出直流电压,使继电器 K21 的线圈通电,13 区、15 区的延时继电器 K11 的延时断开常开触头立即闭合,使电磁阀的 Y1 线圈得电将活塞吸至左位,使图 5 - 7 中左边的液动阀由 P 到 A 进液,由 B 到 T 排液,使 1A 液压缸的活塞杆伸出,同时位于 14 区 K11 延时闭合常闭触头断开 Y2 线圈,位于 14 区的 K21 常闭触头闭合;在液压缸 1A 伸出过程中,虽然液压缸 1A 的活塞离开原位置,使 K11 线圈失电,但 13 区、15 区的 K11 延时断开常开触头会延时至液压缸 1A 的活塞杆完全伸出才断开,位于 14 区的 K11 延时闭合常闭触头也要延时同样的时间才能闭合。

　　注意:延时继电器 K11 的延时时间略多于液压缸 1A 的活塞杆伸出到检测位置 1B2 的时间 10 ms。

　　当双作用液压缸 1A 的活塞杆右移到最右端,1B2 位置的传感器检测到活塞并输出直流电压,使继电器 K12 的线圈通电,同时 14 区的 K12 常开触头接通,从而电磁换向阀的 Y3 线圈得电将活塞吸至左位,使图 5 - 7 中右边的液动阀由 P 到 A 进液,由 B 到 T 排液,使液压缸 2A 的活塞杆伸出,从而位于 14 区的 K21 常开触头断开,Y3 线圈失电。

　　当双作用液压缸 2A 的活塞杆右移至最右端时,2B2 位置的传感器检测到活塞并输出直流电压,使继电器 K22 的线圈通电,同时 16 区的继电器 K22 的常闭触头接通使电磁换向阀的 Y4 线圈通电,将液压缸 2A 的活塞吸到右位,使图 5 - 7 中右边的液动阀由 P 到 B 进液,由 A 到 T 排液,使双作用液压缸 2A 的活塞杆左移退回。

　　当双作用液压缸 2A 的活塞杆左移退至最左端位置时,2B1 位置的传感器检测到活塞并输出直流电压,使继电器 K21 的线圈通电,同时 14 区的继电器 K21 的常开触头接通,而延时继电器 K11 的常闭触头早已因 K11 线圈失电而闭合,从而电磁换向阀的 Y2 线圈通电,图 5-7 中左边的电磁换向阀由 P 到 B 进液,由 A 到 T 将液体排回油箱,从而双作用液压缸 1A 的活塞杆左移退回。

当双作用液压缸 1A 的活塞杆向左退回至 1B1 位置后重复上述动作。

复习思考题

5-1　CA6140 型普通车床主轴是如何实现正反转的?

5-2　CA6140 型普通车床电气控制具有哪些保护?它们是通过哪些电器元件实现的?

5-3　CA6140 型普通车床主轴电动机和冷却泵电动机是如何实现顺序控制的?

5-4　M7130 型平面磨床的电磁吸盘吸力不足会造成什么后果?吸力不足的原因有哪些?

5-5　在 M7130 型平面磨床的电气原理图中,欠电流继电器 KA 和电阻 R_3 的作用分别是什么?

5-6　M7130 型平面磨床的吸盘退磁不好的原因有哪些?

5-7　在 M7130 型平面磨床中为什么采用电磁吸盘来吸持工件?电磁吸盘线圈为何要用直流供电而不能用交流供电?

5-8　X62W 型卧式万能铣床的电气原理图具有哪些电气联锁?

5-9　在 X62W 型卧式铣床电路中,电磁离合器 YA 的作用是什么?

5-10　X62W 型卧式万能铣床电气控制线路中主轴电动机是如何实现正反转控制的?

5-11　X62W 型卧式万能铣床电气控制线路中进给运动 6 个方向联锁是如何实现的?

5-12　X62W 型卧式万能铣床电气控制线路中主轴运动和进给运动为什么要求变速后作顺时点动?

5-13　X62W 型卧式万能铣床电气控制线路中主轴变速冲动是如何实现的?

5-14　试分析 X62W 型卧式万能铣床存在下列故障的原因:

① 主轴正反运转正常,但停车时按下停止按钮主轴不停;

② 工作台向左、向右、向前、向下进给都正常,但没有向上、向后进给;

③ 无纵向进给,但垂直与横向进给正常。

第6章 机电设备控制线路的设计

机电设备控制线路设计包括电气原理图设计和电气控制工艺设计两部分。电气原理图设计是为满足生产机械及其控制工艺要求而进行的电气控制设计,电气控制工艺设计是为电气控制装置本身的制造、安装、使用及维修的需要而进行的生产工艺设计。前者直接决定设备的实用性、先进性和自动化程度的高低,是电气控制设计的核心;后者决定着电气控制设备制造、安装、使用及维修的可行性,对电气原理设计的性能目标和经济技术指标有重大影响。

6.1 机电设备控制线路设计的基本原则和内容

6.1.1 电气控制线路设计的一般原则

在机电设备控制线路的设计中,应遵循以下几个原则:

① 根据生产机械的生产工艺要求进行电气控制设计,最大限度地满足生产机械对电气控制的要求。因此在设计前,应深入现场进行调查研究、搜集资料,并与设备的生产加工人员、执行元件设计人员、设备操作者密切配合、沟通,明确控制的目的和要求,共同拟定电气控制方案,协同解决设计中出现的各种问题,使设计成果满足生产工艺要求。

② 在满足控制要求的前提下,设计方案力求简单、经济及可操控,不宜盲目追求自动化和高指标,力求控制系统操作简单、使用与维修方便。

③ 正确、合理地选用电器元件,确保控制系统的安全性、可靠性和稳定性,同时考虑利用新技术、新材料、新工艺,以及使造型美观。

④ 在选择控制设备时,设备能力应留有升级、改造的裕量。

6.1.2 电气控制线路设计的基本内容

下面以电力拖动控制设备为例,分述电气原理图设计、电气控制工艺设计及电气控制设计程序的基本内容。

1. 电气原理图设计的内容

电气原理图设计的内容有:

① 拟定电气设计任务书。

② 选择电气拖动方案和控制方式。

③ 确定电动机类型、型号、容量、转速。

④ 设计电气控制原理框图,确定各部分之间的联系,拟定各部分技术指标与要求。

⑤ 设计并绘制电气原理图,计算主要技术参数。

⑥ 选择电器元件,编制元器件的目录清单。

⑦ 校核、审查电气原理图。

⑧ 编写设计说明书。

整个设计的核心环节是电气原理图设计,可根据它进行工艺设计和制定其他相关技术资料。

2. 电气控制工艺设计的内容

电气控制工艺设计是为了便于组织电气控制装置的制造与安装,实现电气原理图设计的功能和各项技术指标,为设备的制造、安装、使用、维护等提供必要的技术资料。电气控制工艺设计的主要内容有:

① 根据设计出的电气原理图及选定的电器元件,设计电气设备的总体配置,绘制电气控制系统的总装配图及总接线图。总图应反映出电动机、执行电器、电器箱各组件、操作台布置、电源以及检测元件的分布情况和各部分之间的接线关系及连接方式,以供总装、调试及日常维护使用。

② 按照原理框图或划分的组件,对总原理图进行编号,绘制各组件原理电路图,列出各部件的电器元件目录清单,并根据总图编号列出各组件的进出线号。

③ 根据各组件电路原理图及选定的元器件目录清单,设计组件的电器装配图(电器元件布置图、安装图)、接线图,图中应反映出各电器元件的安装及接线方式。这些资料是组件装配和生产管理的依据。

④ 根据组件装配要求,绘制电器安装板和非标准的电器安装零件图样,据此进行机械加工。

⑤ 设计电气箱,根据组件尺寸及安装要求确定电气柜的结构与外形尺寸,并设置安装支架,标明安装方式、各组件的连接方式、通风散热方式及开门方向等。

⑥ 汇总原理图、总装配图及各组件原理图等资料,列出外构件清单、标准件清单、主要材料消耗定额等。这些是生产管理和成本核算必备的技术资料。

⑦ 编写使用、维修、维护说明书。

3. 电气控制设计程序的内容

以电力拖动电气控制设计为例,电气控制设计程序通常按以下步骤进行:

① 拟定设计任务书。设计任务书是整个系统设计的依据,也是工程竣工验收的依据,必须认真对待。往往设计任务书下达部门只对系统的功能要求、技术指标提出一个粗略轮廓,而涉及设备应达到的各项具体技术指标和各项具体要求,则是由技术领导部门、设备使用部门及承担机电设计任务部门等几个方面共同讨论协商,最后以技术协议的形式予以确定。

在电气设计任务书中,除简要说明所设计设备的型号、用途、工艺过程、动作要求、传动参数、工作条件等外,还应说明以下主要技术指标和要求:

- 对控制精度、生产效率的要求;
- 电气传动基本特性,运动部件数量、用途,动作顺序,负载特性,调速指标,启动、制动要求等;
- 对自动化程度的要求;
- 稳定性及抗干扰要求;
- 联锁条件及保护要求;
- 电源种类、电压等级、频率及容量要求;
- 设备布局、安装要求,操作台布置,照明、信号指示、报警方式等;
- 目标成本与经费限额;

● 验收标准及验收方式。

② 选择电力拖动方案。电力拖动方案是指根据设备加工精度、加工效率要求,生产机械的结构、运动部件的数量、运动要求、负载性质、调速要求等条件去确定电动机的类型、数量、传动方式,拟定电动机启动、调速、反向、制动等控制方案,作为电气原理图设计及电器元件选择的依据。因此,在设计任务书下达后,要认真做好调查研究工作,要注意借鉴已经获得成功并经生产实践考验的类似设备或生产工艺的成功设计,列出多种方案,经分析比较后做出决定。

③ 电动机的电力拖动方案确定后,可进一步选择电动机的类型、型式、容量、额定电压与额定转速等。

④ 选择控制方式。电力拖动方案确定后,电动机已选好,采用什么方法来实现这些控制要求就是控制方式的选择。随着电气技术、电子技术、计算机技术、检测技术及自动控制理论的迅速发展,已使生产机械电力拖动控制方式发生了深刻的变革。从传统的继电接触器控制向可编程序控制、计算机控制等方面发展,各种新型的工业控制器及标准系列控制系统不断出现,可供选择的控制方式有多种,系统复杂程度差异很大,可根据实际需要去选择。

⑤ 设计电气原理图,合理选用元器件,编制元器件目录清单。

⑥ 设计电气设备制造、安装、调试所必需的各种施工图,并以此为依据编制各种材料的定额清单。

⑦ 编写设计说明书。

6.2　机电设备控制线路的设计方法

电气原理图是电气控制设计的核心,是电气工艺设计和编制各种技术资料的依据,在总体方案确定之后,应首先进行电气原理图的设计。

6.2.1　电气原理图设计的基本步骤

电气原理图设计的基本步骤是:

① 根据选定的电动拖动方案和控制方式设计系统的原理框图,拟订出各部分的主要技术要求和主要技术参数。

② 根据各部分的要求,设计出原理框图中各个部分的具体电路。对于每一部分电路的设计都是按照主电路→控制电路→联锁与保护→总体检查的步骤,通过反复修改与完善来进行的。

③ 绘制系统总原理图。按照系统框图的结构将各部分电路联成一个整体,绘成系统原理图。

④ 合理选择电气原理图中的每一个电器元件,编制出元器件目录清单。

对于比较简单的控制电路,如普通机械或非标设备的电气配套设计、技术改造的电气配套设计,可以省略前两步,直接进行电气原理图的设计和选用电器元件。但对于比较复杂的电气自动控制电路,如新产品的开发设计,新工程项目的配套设计,就必须按上述步骤按部就班地进行设计,有时还需对上述步骤进一步细化,分步进行。只有各个独立部分都达到技术要求,总体技术要求才能实现。

6.2.2　电气原理图的设计方法

电气原理图的设计方法有分析设计法和逻辑设计法两种,现分别介绍如下:

1. 分析设计法

分析设计法是根据生产工艺的要求选择适当的基本控制环节或将比较成熟的电路按各部分的联锁条件组合起来,并经补充和修改,将其综合成满足控制要求的完整电路,当没有现成典型环节可运用时,可根据控制要求边分析边设计。由于这种设计方法是以熟练掌握各种电气控制电路的基本环节和具备一定的阅读分析电气控制电路的经验为基础的,故又称为经验设计法。分析设计法的步骤是:

① 设计各控制单元环节中拖动电动机的启动、正反转运动、制动、调速、停车等的主电路或执行元件的电路。

② 设计满足各电动机的运转功能和工作状态相对应的控制电路,以及满足执行元件实现规定动作相适应的指令信号的控制电路。

③ 连接各单元环节构成满足整机生产工艺要求、实现加工过程自动或半自动的控制电路。

④ 设计保护、联锁、检测、信号和照明等环节的控制电路。

⑤ 全面检查所设计的电路,应特别注意电气控制系统在工作过程中因误操作、突然失电等异常情况下不应发生的事故,或所造成的事故不应扩大,力求完善整个系统的控制电路。

这种设计方法简单,容易为初学者掌握,在电气控制中被普遍采用。其缺点是:不易获得最佳设计方案,当经验不足或考虑不周时会影响电路工作的可靠性。因此,应反复审核电路工作情况,有条件时应进行模拟试验,发现问题及时修改,直至电路动作准确无误,满足生产工艺要求为止。

下面以龙门刨床横梁升降电气控制电路的设计为例来说明分析设计法的方法与步骤。

(1) 横梁升降机构的工艺要求

横梁升降机构的工艺要求如下:

① 由于刨床工件加工位置高低不同,所以要求横梁沿立柱能上升、下降做调整运动。

② 为确保切削加工的进行,正常情况下横梁应夹紧在立柱上,夹紧机构由夹紧电动机拖动,而横梁的上、下移动则由另一台横梁升降电动机拖动。

③ 在动作配合上,当横梁上升时应按照横梁松开—上升移动—横梁夹紧的顺序进行;当横梁下降时应按照横梁松开—下降移动—横梁回升后再夹紧的顺序进行。由上可知,横梁下降比横梁上升时多了一个横梁短时回升的动作,其目的在于消除螺母上端面与丝杠螺纹下端面的间隙,以防止加工时因横梁倾斜造成的误差而影响加工精度。

④ 横梁升降应设有限位保护,对夹紧电动机应设有夹紧力保护。

(2) 电气原理图设计的过程

1) 根据拖动要求设计主电路

从横梁运动出发,横梁由横梁升降电动机 M1 与夹紧、放松电动机 M2 拖动,且都要求正反转。为此,通过采用接触器 KM1、KM2,以及 KM3、KM4 变换电动机的相序来实现。

考虑横梁升降为调整运动,故对 M1 采用点动控制,而 M2 需与 M1 存在一定的配合且按一定顺序工作,所以应统一考虑其控制。

考虑横梁夹紧时有一定的夹紧力要求,在夹紧电动机 M2 反转夹紧时,即接触器 KM4 工作时,在电动机定子电路的一相中串入过电流继电器 KI 的线圈,以此来检测电动机定子电流。随着夹紧力的增大,定子电流也增大,当电流增加至 KI 的动作电流值时,过电流继电器动作,其触头使 KM4 线圈断电释放,夹紧电动机停转,夹紧结束。据此可设计出如图 6-1 所示的电路。

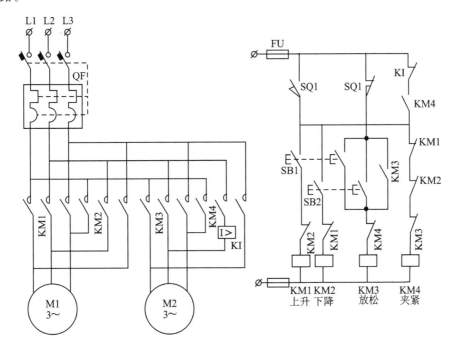

图 6-1　横梁升降控制电路草图(1)

2) 设计控制电路草图

由于电动机 M1 与 M2 工作之间有一定的顺序,所以当发出"上升"指令后,应使放松接触器 KM3 线圈通电吸合,M2 正转启动,拖动夹紧机构将横梁松开;待横梁完全松开后发出松开信号,使 M2 停止工作,同时使上升接触器 KM1 线圈通电,升降电动机 M1 正转启动,拖动横梁上升;当横梁上升到所需位置时撤除"上升"指令,KM1 线圈断电,M1 停转,此时应使夹紧接触器 KM4 线圈通电,M2 反转,拖动夹紧机构将横梁夹紧在立柱上;当夹紧到一定程度时,夹紧电动机负载增大,主电路电流升高,当达到过电流继电器 KI 的动作电流值时,KI 动作,发出"已夹紧"信号,切断 KM4 线圈电路,M2 停转,夹紧结束,横梁上升移动结束。

横梁松开信号的发出是由复合行程开关 SQ1 完成的。当横梁处于夹紧状态时,SQ1 不受压;当横梁完全松开时,夹紧机构经杠杆将 SQ1 压下,发出"松开"信号。

在横梁下降时,若不考虑横梁下降的回升,则其控制情况与横梁上升时完全相同,由此设计出如图 6-2 所示的电路。

3) 完善设计草图

图 6-1 所示的设计草图功能不完善,主要是缺少横梁下降时的短时回升。为此引入断电延时型时间继电器 KT,当横梁下降时,KM2 线圈通电,将 KM2 常开触头接通 KT 线圈电路;当横梁下降到位时,下降指令撤除,KM2 线圈断电释放,KT 线圈断电释放,但接在上升接触

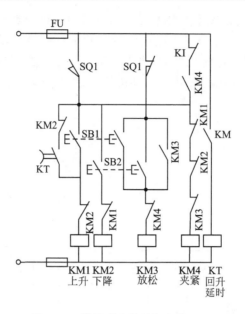

图 6-2　横梁升降控制电路草图(2)

器 KM1 线圈电路中的 KT 断电延时断开触头仍闭合,接通 KM1 线圈电路,使 M1 正转,拖动横梁回升;延时时间到,KT 常开触头复位,KM1 线圈断电,M1 停转,回升动作完成。于是设计出如图 6-2 所示的横梁升降控制电路草图。

　　4）检查并改进设计草图

　　图 6-2 所示的电路在控制功能上已达到上述控制要求,但仔细检查会发现,KM2 的辅助触头使用量已超出接触器的拥有量;另外,图 6-2 所示的电路要求采用具有两对常开触头的按钮,而常用的按钮是一对常开一对常闭,为此引入中间继电器 KA,用按钮常开触头去控制KA,用按钮常闭触头实现 KM1、KM2 的互锁,用 KA 的常开触头与常闭触头去控制 KM1、KM2、KM3、KM4。于是设计出图 6-3 所示的横梁升降控制电路草图。

　　5）总体校核

　　控制电路设计完成后需进行总体校核,看其是否满足生产工艺要求,电路是否合理,有无须进一步简化之处,触头数量是否够用,联锁与保护是否完善,电路工作是否安全可靠等。在这里考虑横梁上升的极限位置保护而引入行程开关 SQ2,考虑横梁下降过程中与立柱上侧刀架的限位保护而引入行程开关 SQ3。将 SQ2,SQ3 常闭触头分别串接于 KM1、KM2 的线圈电路中,最后形成图 6-4 所示的横梁升降控制电路。

　　(3)电气原理图设计中应注意的问题

　　电气原理图设计中应注意以下问题,以使设计出的电路简单、正确、安全、可靠、结构合理、使用维修方便。

　　① 尽量减少控制电路中电流、电压的种类,控制电压应选择标准的电压控制等级。电气控制电路常用的电压控制等级如表 6-1 所列。

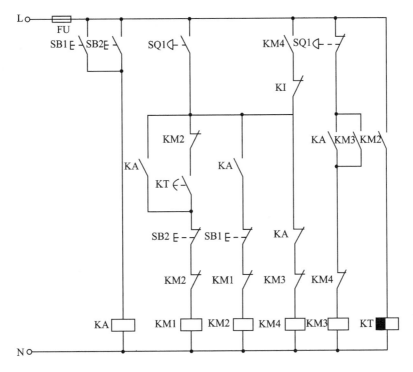

图 6－3　横梁升降控制电路草图(3)

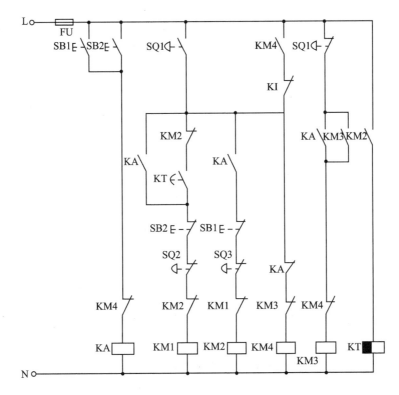

图 6－4　横梁升降控制电路

表 6-1　常用的电压控制等级

控制电路类型		常用的电压值/V	电源设备
较简单的交流电力传动控制电路	交流	380、220	不用控制电源变压器
较复杂的交流电力传动控制电路		110(127)、48	采用控制电源变压器
照明及信号指示电路		48、24、6	采用控制电源变压器
直流电力传动的控制电路	直流	220、110	整流器或直流发电机
直流电磁铁及电磁离合器的控制电路		48、24、12	整流器

②尽量减少电器元件的品种、规格与数量,在选用电器元件时,尽可能选用性能优良、价格便宜的新型器件,同一用途电器元件尽可能选用相同型号。

③在正常工作中,尽可能减少通电电器的数量,以利于节能、延长电器元件的寿命以及减少线路故障。

④合理使用电器触头。触头数量应满足电路要求,否则可采用逻辑设计化简法改变触头的组合方式来减少触头使用数量,或增设中间继电器来解决。另外,还应检查触头容量是否满足控制负载的要求。

⑤做到正确接线,具体应注意以下几点:

第一,正确连接电器线圈。电压线圈通常不能串联使用,即便是两个同型号的电压线圈也不能串联后接于两倍线圈额定电压上,以免电压分配不匀而使得工作不可靠。对于交流电压线圈更不能串联使用,因电器动作有先有后,若 KM1 先动作,KM2 后动作,则造成 KM1 磁路气隙先减小,使该线圈电感增大,阻抗增大,KM1 线圈分配到的电压变大,而 KM2 线圈将低于其额定电压,甚至造成 KM2 不能吸合,影响电路正常工作;同时,电路电流增大可能会烧毁接触器线圈。对于电感量较大的电磁阀、电磁铁线圈或电动机励磁线圈,不宜与相同电压等级的接触器或中间继电器线圈直接并联工作,否则在接通断开电源时会造成后者的误动作。

第二,合理安排电器元件及触头的位置。对一个串联电路,电器元件或触头位置互换并不影响其工作原理,但却会影响运行安全导线节省的问题。如图 6-5 所示的两种接线,工作原理相同,但采用图 6-5(a)所示的接法不符合规范,因为正常情况下,上面是接触器响应的条件,最下面是接触器线圈;采用图 6-5(b)所示的接法更为规范。

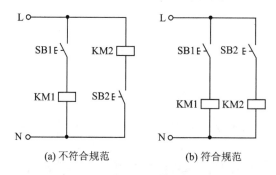

(a)不符合规范　　(b)符合规范

图 6-5　合理安排触头位置

第三,注意避免出现寄生电路。在控制电路的动作过程中,出现的不是由于误操作而产生的意外接通的电路称为寄生电路。图 6-6 所示为一个具有指示灯和长期过载保护的电动机正反向控制电路,在正常工作时,能完成正反向启动、停止与信号的指示;但当热继电器 FR 动作时,FR 常闭触头断开后就会出现指示灯继续得电的情况,所以热继电器的常闭触头应接在主干线上。

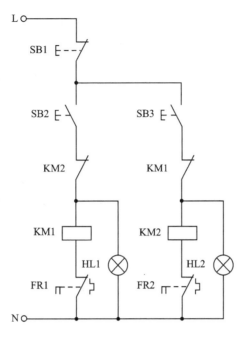

图 6 - 6　存在寄生电路的控制电路

⑥ 尽可能提高电路工作的可靠性、安全性。

第一,应考虑电器元件动作时间配合不当所引起的竞争,因此应分析电器元件动作时间及元件之间的配合情况,使之满足控制要求。

第二,应仔细考虑每一控制程序间必要的联锁,在发生误操作时不会造成事故。

第三,应根据设备特点及使用情况设置必要的电气保护。

⑦ 电路设计要考虑操作、使用、调试与维修的方便性。

2. 逻辑设计法

逻辑设计法是利用逻辑代数这一数学工具来进行电路设计的。它是从工艺资料(工作循环图、液压系统图等)出发,将控制电路中的接触器、继电器线圈的通电与断电,触头的闭合与断开,以及主令元件的接通与断开等看成逻辑变量,并根据控制要求,将这些逻辑变量关系表示为逻辑函数关系式;然后运用逻辑函数基本公式和运算规律对逻辑函数式进行化简,按化简后的逻辑函数式画出相应的电路结构图;最后再进行进一步的检查和完善,以期获得最佳设计方案,使设计出的控制电路既符合工艺要求,又达到线路简单、工作可靠、经济合理的要求。

逻辑设计法设计控制电路的步骤:

① 按工艺要求做出工作循环图。

② 决定执行元件与检测元件,并做出执行元件动作节拍表和检测元件状态表。

③ 根据检测元件状态表写出各程序的特征数,并确定待相区分组,设置中间记忆元件,使各待相区分组的所有程序区分开。

④ 列写中间记忆元件开关逻辑函数式及其执行元件动作逻辑函数式,并画出相应的电路

结构图。

⑤ 对按逻辑函数式画出的控制电路进行检查、化简和完善。

6.3 机电设备控制线路中电动机的选择

电力拖动方案的选择是电气设计的主要内容之一,也是以后各部件设计内容的基础和先决条件。一个电气传动系统一般由电动机、电源装置和控制装置 3 部分组成,设计时应根据生产机械的负载特性、工艺要求及环境条件和工程技术条件选择电力拖动方案。

6.3.1 电力拖动方案的确定

首先根据生产机械结构和工艺要求来选用电动机的种类、数量,然后根据各运动部件的调速范围来选择调速方案。在选择电动机调速方案时,应使电动机的调速特性与负载特性相适应,以充分合理地利用电动机。

1. 拖动方式的选择

电力拖动方式有单独拖动与分立拖动两种。电力拖动的发展趋势是电动机逐步接近工作机构,形成多电动机的拖动方式,这样,不仅能缩短机械传动链,提高传动效率,便于自动化,而且也能使总体结构得到简化。在具体选择时,应根据工艺要求及结构的具体情况决定电动机的数量。

2. 调速方案的选择

从生产工艺出发往往要求生产机械设备能够调速,而不同的设备又有不同的调速范围、调速精度等。因此,为了满足一定的调速性能,应选用不同的调速方案,如采用机械变速、多速电动机变速、变频调速等方法来实现。随着交流调速技术的发展,其经济技术指标不断提高,采用各种形式的变频调速技术将是机械设备调速的主流。

3. 电动机的调速性质应与负载特性相适应

机械设备的各个工作机构具有各自不同的负载特性,如机床的主运动为恒功率负载,而进给运动为恒转矩负载。在选择电动机调速方案时,要使电动机的调速性质与生产机械的负载特性相适应,以使电动机获得充分合理的使用。例如双速鼠笼式异步电动机,当定子绕组由三角形连接改成双星形连接时,转速增加一倍,功率却增加很少,适用于恒功率传动;对于低速为星形连接的双速电动机改成双星形连接后,转速和功率都增加一倍,而电动机输出的转矩保持不变,适用于恒转矩传动。

6.3.2 拖动电动机的选择

电动机的选择包括电动机种类、结构形式、电动机额定转速和额定功率的选择。

1. 电动机选择的基本原则

电动机选择的基本原则如下:

① 电动机的机械特性应满足生产机械提出的要求,要与负载的负载特性相适应,保证运行稳定且具有良好的启动、制动性能;

② 工作过程中电动机容量能得到充分利用,使其温升尽可能达到或接近额定温升值;

③ 电动机结构形式应满足机械设计提出的安装要求,并能适应周围环境的工作条件;

④ 在满足设计要求的前提下,应优先采用结构简单、价格便宜、使用维护方便的三相鼠笼式异步电动机。

2. 电动机容量的选择

电动机容量的选择方法有两种:一种是分析计算法,一种是统计类比法。

（1）分析计算法

首先根据生产机械负载图预选一台电动机;然后用该电动机的技术数据和生产机械负载图求出电动机的负载图;最后按电动机的负载图从发热方面进行校验,并检查电动机的过载能力与启动转矩是否满足要求,若不合格,则另选一台电动机重新计算,直至合格为止。此法计算工作量大,负载图的绘制较为困难。对于比较简单、无特殊要求、生产数量不多的电力拖动系统,电动机容量往往采用统计类比法。

（2）统计类比法

它是将各国同类型、先进的机床电动机容量进行统计和分析,从中找出电动机容量与机床主要参数间的关系,再根据我国实际情况得出相应的计算公式来确定电动机容量的一种实用方法。几种典型机床电动机的统计类比法公式如下(P 的单位均为 kW):

普通车床:

$$P = 36.5D^{1.54} \tag{6-1}$$

立式车床:

$$P = 20D^{0.88} \tag{6-2}$$

式中:D 为工件最大直径,单位为 m。

摇臂钻床:

$$P = 0.064\,6D^{1.19} \tag{6-3}$$

式中:D 为最大钻孔直径,单位为 mm。

卧式镗床:

$$P = 0.004D^{1.7} \tag{6-4}$$

式中:D 为镗杆直径,单位为 mm。

龙门铣床:

$$P = \frac{1.16B}{1.66} \tag{6-5}$$

式中:B 为工作台宽度,单位为 mm。

外圆磨床:

$$P = 0.1KB \tag{6-6}$$

式中:B 为砂轮宽度,单位为 mm;K 为砂轮主轴,当砂轮主轴用作滚动轴承时,$K=0.8\sim1.1$,当砂轮主轴用作滑动轴承时,$K=1.0\sim1.3$。

当机床的主运动和进给运动由同一台电动机拖动时,应按主运动电动机功率计算。若进给运动单独由一台电动机拖动,并具有快速运动功能,则电动机功率应按快速移动所需功率来计算。快速移动所需要的功率可从表 6-2 中选择。

此外,还有一种类比法,通过对长期运行的同类生产机械的电动机容量的调查,并对机械的主要参数、工作条件进行类比,然后再确定电动机的容量。

表 6 - 2 拖动机床快速运动部件所需电动机的功率

机床类型		运动部件	移动速度/(m·min⁻¹)	所需电动机功率/kW
普通车床	$D=400$ mm	溜板	6~9	0.6~1
	$D=600$ mm	溜板	4~6	0.8~1.2
	$D=1\,000$ mm	溜板	3~4	3.2
摇臂钻床 $D=35\sim75$ mm		摇臂	0.5~1.5	1~2.8
升降台铣床		工作台	4~6	0.8~1.2
		升降台	1.5~2	1.2~1.5
龙门铣床		横梁	0.25~0.5	2~4
		横梁上的铣头	1~1.5	1.5~2
		立柱上的铣头	0.5~1	1.5~2

6.4 机电设备控制线路中电器元件的选择

6.4.1 电器元件选择的基本步骤

电器元件选择的基本步骤：

① 根据对控制元件功能的要求,确定电器元件的类型；

② 确定电器元件承载能力的临界值及使用寿命；

③ 确定电器元件预期的工作环境及供应情况；

④ 确定电器元件在应用时所需的可靠性等。

6.4.2 接触器的选用

应根据负荷的类型和工作参数合理地选用接触器,具体步骤如下：

(1) 选择接触器的类型

交流接触器按负荷种类一般分为一类、二类、三类和四类,分别记为 AC1、AC2、AC3 和 AC4。一类交流接触器对应的控制对象是无感或微感负荷,如白炽灯、电阻炉等；二类交流接触器用于绕线式异步电动机的启动和停止；三类交流接触器的典型用途是鼠笼式异步电动机的运转和运行中的分断；四类交流接触器用于鼠笼式异步电动机的启动、反接制动、反转和点动。

(2) 选择接触器的额定参数

根据被控对象和工作参数(如电压、电流、功率、频率及工作制等),确定接触器的额定参数。

① 接触器的线圈电压一般应低一些为好,这样对接触器的绝缘要求可以降低,使用时也较安全。但为了方便和减少设备,常按实际电网电压选取。

② 电动机的操作频率不高,如压缩机、水泵、风机、空调、冲床等,接触器额定电流大于负荷额定电流即可。接触器类型可选用 CJ10、CJ20 等。

③ 对重任务型电动机,如机床主电动机、升降设备、绞盘、破碎机等,其平均操作频率超过

100 次/分,运行于启动、点动、正反向制动、反接制动等状态,可选用 CJ10Z、CJ12 型的接触器。为了保证电寿命,可使接触器降容使用。选用时,接触器额定电流大于电动机额定电流。

④ 对特重任务电动机,如印刷机、镗床等,操作频率很高,可达 600~12 000 次/时,经常运行于启动、反接制动、反向等状态,接触器大致可按电寿命及启动电流选用,接触器型号选 CJ10Z、CJ12 等。

⑤ 当交流回路中的电容投入电网或从电网中切除时,接触器选择应考虑电容的合闸冲击电流。一般接触器的额定电流可按电容额定电流的 1.5 倍选取,型号选 CJ10、CJ20 等。

⑥ 当用接触器对变压器进行控制时,应考虑浪涌电流的大小。例如交流电弧焊机、电阻焊机等,一般可按变压器额定电流的 2 倍选取接触器,型号选 CJ10、CJ20 等。

⑦ 对于电热设备,如电阻炉、电热器等,负荷的冷态电阻较小,因此启动电流相应要大一些。选用接触器时可不用考虑启动电流,而直接按负荷额定电流选取,型号可选用 CJ10、CJ20 等。

⑧ 由于气体放电灯启动电流大、启动时间长,所以对于照明设备的控制,可按额定电流 1.1~1.4 倍选取交流接触器,型号可选 CJ10、CJ20 等。

⑨ 接触器额定电流是指接触器在长期工作下的最大允许电流,持续时间小于或等于 8 h,且安装于敞开的控制板上。如果冷却条件较差,则选用接触器时,其额定电流按负荷额定电流的 1.1~1.2 倍选取。对于长时间工作的电动机,由于其氧化膜没有机会得到清除,使接触电阻增大,导致触头发热超过允许温升,所以在实际选用时,可将接触器的额定电流减小 30% 使用。

6.4.3　热继电器的选用

说明:一般交流接触器的额定电流按电动机额定电流的 1.3~2 倍选择。

当电动机过负荷保护采用热继电器时,其额定电流通常不小于电动机额定电流的 1.1~1.25 倍,整定值按电动机 1 倍电流整定。

为使热继电器能真正起到保护作用,必须要正确选用热继电器。过去大家都习惯按电动机的额定电流来选用热继电器,实际上这样是不准确的。例如,如果保护一台重载启动的电动机只按电动机额定电流选用,那么电动机在启动时热继电器就要脱扣,造成误动作。因此,在选用热继电器时要考虑以下几个基本条件:

① 电动机的容量和电压,是选择热继电器的主要依据。

② 电动机所带负载的性质,例如,是轻载还是重载,是长期工作还是短期工作等。

③ 电动机的启动时间及启动电流倍数,是选用热继电器的重要依据。如果负载惯性较大且启动时间较长,则所选用的热继电器的整定电流应比电动机的额定电流稍高,才能达到正确保护的目的。如果出厂的整定电流与选用值有差距,则可用调节凸轮调到合适的值。

④ 我国目前生产的热继电器基本上适用于轻载启动长期工作,或间断长期工作的电动机保护,对反复短时工作的电动机的保护只有一定的适应性,对密集启动正、反转工作及转子反接制动的电动机则不能起到充分保护作用,在选用热继电器时必须注意这一点。

例 6-1　有一台电动机,电压为 380 V,功率为 20 kW,拖动脱水离心机,用补偿器降压启动,启动电流为额定电流的 2.5 倍(40 A×2.5=100 A),启动时间为 40 s,然后进入满载运行。试问热继电器如何选择? 刻度电流如何整定?

解：由热继电器特性可知，当刻度电流倍数为 2.5 倍时，动作时间小于 2 min。根据给定的条件——电动机启动电流为 100 A，启动时间为 40 s，所以应将电流调到 40 A，电动机在 40 s 内启动，热继电器不会动作。同时，考虑到电动机在满载运行过程中可能发生 1.2 倍额定电流的过载情况，所以热继电器的额定电流应比电动机的额定电流大一点儿，故选用 JR0 - 60/3 型热继电器。

这样选择，一方面可以使电动机能够正常启动；另一方面，当电动机发生 1.2 倍额定电流的过载情况时，热继电器在 20 min 内切断电源，能够起到保护作用。

例 6 - 2　在上例中如果电动机的启动电流为额定电流的 6 倍，启动时间仍为 40 s，试问热继电器的刻度电流如何调整？

解：这时电动机的启动电流为 40 A×6＝240 A。如果刻度电流仍调到 40 A，则热继电器大于 5 s 后就动作，电动机就无法启动。由于 JR0 - 60/3 型热继电器额定电流的最大调节范围为 40～63 A，因此，在启动前应将热继电器的刻度电流调到 63 A，这时(63 A×4＝252 A＞240 A)的整定电流倍数约为 4。电动机启动时热继电器不会动作，启动后，再调整到 40 A，这时整定电流倍数为 63/40＝1.58 倍。如果电动机发生 1.58 倍额定电流的过载，热继电器能在小于 20 min 的时限内切断电源，则电动机可受到过载保护。

6.4.4　熔断器的选用

在很多电子设备中都离不开保险丝(Fuse)，其各项额定值及其性能指标是根据实验室的条件及验收规范测定的。国际上有多家权威的测试和鉴定机构，例如美国的保险商实验公司的 UL 认证、加拿大标准协会的 CSA 认证、日本国际与贸易工业部的 MTTI 认证和国际电气技术委员会的 ICE 认证。

保险丝的选择涉及下列因素：

① 正常工作电流；

② 施加在保险丝上的外加电压；

③ 要求保险丝断开的不正常电流；

④ 允许不正常电流存在的最短和最长时间；

⑤ 保险丝的环境温度；

⑥ 脉冲、冲击电流、浪涌电流、启动电流和电路瞬变值；

⑦ 是否有超出保险丝规范的特殊要求；

⑧ 安装结构的尺寸限制；

⑨ 要求的认证机构；

⑩ 保险丝座件：保险丝夹、安装盒、面板安装等。

下面对保险丝选型中常见的参数和术语进行说明。

正常工作电流：在 25 ℃条件下运行，保险丝的电流额定值通常要减少 25％以避免有害熔断。大多数传统的保险丝采用的材料具有较低的熔化温度，因此，该类保险丝对环境温度的变化比较敏感。例如，一个电流额定值为 10 A 的保险丝通常不能在 25 ℃环境温度下通过大于 7.5 A 的电流。

电压额定值：保险丝的电压额定值必须等于或大于有效的电路电压。一般的标准电压额定值为 32 V、125 V、250 V、600 V。

电阻:保险丝的电阻在整个电路中并不十分重要,但对于电流额定值小于 1 A 的保险丝的电阻会有几欧姆,所以在低电压电路中采用保险丝时应考虑这个问题。大部分的保险丝是用正温度系数材料制成的,所以也有冷电阻和热电阻之分。

环境温度:保险丝电流承载能力的实验是在环境温度为 25 ℃时进行的。这种实验受环境温度变化的影响,环境温度越高,保险丝的工作温度就越高,其保险丝的电流承载能力就越低,寿命也就越短;相反,在较低的温度下使用会延长保险丝的寿命。

额定熔断容量:也称为致断容量。额定熔断容量是保险丝在额定电压下能够确实熔断的最大许可电流。

保险丝性能:保险丝的性能是指保险丝对各种电流负荷做出反应的迅速程度。保险丝按性能常分为正常响应、延时断开、快动作和电流限制 4 种类型。

极限分断能力:熔断器在规定的额定电压和功率因数(或时间常数)条件下,能可靠分断的最大短路电流。

因此,选用保险丝时,除了考虑前面所说的正常工作电流、电压额定值、环境温度外,还要考虑极限分断能力。

另外还要注意:若保险丝有焊接接头,则在焊接这些保险丝时要特别小心。因为焊接热量过多会使保险丝内的焊料回流而改变它的额定值。保险丝类似于半导体的热敏元件,因此在焊接保险丝时最好采用吸热装置。

6.4.5　开关面板、插座的选用

开关面板、插座选用的基本原则:

面板的尺寸应与预埋的接线盒的尺寸一致;表面光洁、品牌标志明显,有防伪标志和国家电工安全认证的长城标志;开关开启时手感灵活,插座稳固,铜片要有一定的厚度;面板的材料应有阻燃性和坚固性;开关高度一般为 1200～1350 mm,距离门框门沿为 150～200 mm,插座高度一般为 200～300 mm。

开关插座安全与否与其内部电线的连接方式有着很大的关系。目前最为先进的连接方式是速接端子结构,这种结构连接方式简单,只需将电线插进端子部即可,而且其接线状态均匀整齐而牢固,即使吊上一个保龄球,连接也不会脱落;另外,带电部分不外露,所以施工时不会有触电的危险。

带保护门装置也是开关插座设计安全性的一个体现。生活中,常常有幼童因顽皮和好奇而用手指或其他物品插入插座,由此而发生意外。为此,在插座插孔中装上两片自动滑片,只有当插头插入时,滑片才向两边滑开,露出插孔;当拔出插头时,滑片闭合,堵住插孔,避免上述意外的发生。

另外,还有专门为厨卫设计的开关插座,在面板上安装防溅水盒或塑料挡板,可以有效防止油污、水汽侵入,延长开关插座使用寿命,防止因潮湿引起的短路。

6.5　电气控制工艺设计

电气控制工艺设计必须在电气原理图设计完成之后进行,首先进行电气控制设备总体配置,即总装配图、总接线图设计;然后进行各部分电气装配图与接线图的设计,列出各部分的元

件目录、进出线号以及主要材料清单;最后编写使用说明书。

6.5.1 电气控制设备总体配置的设计

一台设备往往由若干台电动机拖动,而各台电动机又由许多电器元件控制,这些电动机与各类电器元件都有一定的装配位置。例如,电动机与各种执行元件(如电磁铁、电磁阀、电磁离合器、电磁吸盘等)、各种检测元件(如行程开关、温度传感器、压力传感器、速度继电器等)必须安装在生产机械的相应部位;各种控制电器(如各种接触器、继电器、电阻、断路器、控制变压器、放大器等)以及各种保护电器(如熔断器、电流保护继电器、电压保护继电器等)则安放在单独的电器箱内;而各种控制按钮、控制开关,各种指示灯、指示仪表、需经常调节的电位器等必须安装在控制台面板上。由于各种电器元件安装的位置不同,所以在构成一个完善的自动控制系统时,必须划分组件,解决好组件之间、电器箱之间以及电气箱与被控制装置之间的接线问题。

组件的划分原则:

① 将功能类似的元件组合在一起可构成控制面板组件,例如,电气控制盘组件、电源组件等。

② 尽可能减少组件之间的接线数量,将接线关系密切的电器元件置于同一组件中。

③ 强电与弱电控制器分离,以减少干扰。

④ 力求整齐美观,外形尺寸相同、重量相近的电器组合在一起。

⑤ 为便于检查与调试,将需经常调节、维护和易损元件组合在一起。

电气控制设备的各部分及组件之间的接线方式通常有:

① 电器板、控制板、机床电器的进出线一般采用接线端子。

② 被控制设备与电气箱之间采用多孔接插件,便于拆装、搬运。

③ 印制电路板与弱电控制组件之间宜采用各种类型的接插件。

电气控制设备总体配置设计是以电气系统的总装配图与总接线图形式表达的,图中应以示意方式反映出各部分主要组件的位置及各部分接线关系、走线方式及使用管线的要求。

总装配图、总接线图是进行分部设计和协调各部分组成一个完整系统的依据。电气控制设备总体配置设计要使整个系统集中、紧凑,同时要考虑将发热厉害、噪声振动大的电气部件放在离操作者较远的位置,电源紧急停止控制应安放在方便而明显的位置;对于多工位加工的大型设备,应考虑多处操作等。

6.5.2 电器布置图的设计

电器布置图是指某些电器元件按一定的原则组合。例如,电气控制箱中的电器板、控制面板、放大器等。电器布置图的设计依据是部件原理图。同一组件中电器元件的布置应注意:

① 体积大和较重的电器元件安装在电器板的下方,发热元件安放在电器板的上方。

② 强电、弱电分开并加以屏蔽,以防干扰。

③ 需要经常维护、检修、调整的电器元件安装高度要适宜。

④ 电器元件的布置应考虑整齐、美观、对称。外形尺寸与结构类似的电器元件安放在一起,以利于加工、安装和配线。

⑤ 电器元件之间应留有一定间距,若采用板前走线槽配线方式,则应适当加大各排电器元件的间距,以利于布线和维护。

各电器元件位置确定以后,便可绘制电器布置图。电器布置图是根据电器元件的外形尺寸按比例绘制,并标明各元件的间距尺寸。同时,还要根据本元件进出线的数量和导线规格来选择适当的接线端子板和接插件,并按一定顺序标上进出线的接线号。

6.5.3　电气部件接线图的绘制

电气部件接线图是根据部件电气原理图及电器布置图来绘制的,它表示成套装置的连接关系,是电气安装和查线的依据。电气部件接线图应按以下要求绘制:

① 接线图和接线表的绘制应符合 GB/T 6988.5—1997《电气制图接线图和接线表》的规定。

② 电器元件按外形绘制,并与布置图一致,偏差不要太大。

③ 所有电器元件及其引线应标注与电气原理图一致的文字符号及接线号。

④ 在接线图中同一电器元件的各个部分(触头、线圈等)必须画在一起。

⑤ 电气接线图一律采用细实线,走线方式有板前走线与板后走线两种,一般采用板前走线。对于简单的电气控制部件,电器元件数量较少,接线关系不复杂,可直接画出元件内的连线。但对于复杂的电气控制部件,电器元件数量较多,接线较复杂时,一般是采用走线槽,只要在各电器元件上标出接线号即可,不必画出各元件之间的连线。

⑥ 接线图中应标出配线用的各种导线的型号、规格、截面积及颜色要求。

⑦ 部件的进出线除大截面导线外,都应经过接线端子板,不得直接进出。

6.5.4　电气箱及非标准零件图的设计

在电气控制比较简单时,电气控制板往往附在生产机械上;而在控制系统比较复杂,或生产环境或操作需要时,则采用单独的电气控制箱,以利于制造、使用和维护。

电气控制箱的设计要考虑以下几方面的问题:

① 根据控制面板及箱内各电气部件的尺寸来确定电气箱总体尺寸及结构方式。

② 结构紧凑、外形美观,与生产机械相匹配。

③ 根据控制面板及箱内电气部件的安装尺寸,设计箱内安装支架。

④ 根据方便安装、调整及维修的要求,设计控制箱的开门方式。

⑤ 为利于箱内电器的通风散热,在箱体适当部位设计通风孔或通风槽。

⑥ 为利于电气箱的搬动,设计合适的起吊钩、起吊孔、扶手架,或使箱体底部带活动轮等。

外形确定以后,再按上述要求进行各部分的结构设计,绘制箱体总装图及门、控制面板、底板、安装支架、装饰条等零件图,并注明加工尺寸。

非标准的电器安装零件,如开关支架、电气安装底板、控制箱的有机玻璃面板等,应根据机械零件设计要求,绘制其零件图。

6.5.5　各类元器件及材料清单的汇总

在电气原理图设计及电气控制工艺设计结束后,应根据各种图样,对本设备需要的各种零件及材料进行综合统计,列出外购件清单表、标准件清单表、主要材料消耗定额表及辅助材料消耗定额表,供有关部门备料,以备生产。这些资料也是成本核算的依据。

6.5.6 编写设计说明书及使用说明书

设计说明及使用说明是设计审定及调试、使用、维护过程中不可缺少的技术资料。

设计及使用说明书应包含以下主要内容:

① 拖动方案选择依据及本设计的主要特点;

② 主要参数的计算过程;

③ 设计任务书中要求的各项技术指标的核算与评价;

④ 设备调试要求与调试方法;

⑤ 使用、维护要求及注意事项。

复习思考题

6-1 电气控制设计中应遵循的原则是什么?设计内容包括哪些方面?

6-2 机电设备控制线路有哪些设计方法?

6-3 机电设备控制线路中如何选择电动机?

6-4 机电设备控制线路中如何选择元器件?

6-5 生产机械电气控制工艺设计包含哪几个方面?

6-6 某机床由两台三相鼠笼式异步电动机 M1 与 M2 拖动,其拖动要求是:

① M1 容量较大,采用星形-三角形减压启动,停车带有能耗制动;

② M1 启动后经 20 s 后方允许 M2 启动(M2 容量较小可直接启动);

③ M2 停车后方允许 M1 停车;

④ M1 与 M2 启动、停止均要求两地控制。

试设计电气原理图并设置必要的电气保护。

第7章　机电设备电气故障诊断与维修

随着科学技术的不断发展,各行各业机械化、自动化程度大大提高,各类驱动用电动机、电力供电用变压器及各类电器应用越来越多,因此保证这些电气设备合理使用、正常运转是极其重要的。然而,电气控制线路出现故障是不可避免的,因此,只有及时、准确地排除各种设备的电气故障,才能充分发挥设备的作用,否则,将直接影响设备的利用率和生产的发展。

7.1　常用仪表的使用

在进行故障排查时会不可避免地用到各种仪表,因此学会使用常用仪表是机电设备维修的基础。电气电路维修中常用的仪表主要有电流表、电压表以及万用表等。

7.1.1　电流表

电流表有交流电流表与直流电流表的区分,其在电路中的作用为测量电路中的电流。如图7-1所示,电流表应该串接在电路中,因此电流表就必须有很小的内阻,以减小对于整个电路的影响。使用直流电流表测量直流回路中的电流时应注意区分电流表的"+""-"极性。"+"极应接在靠近电源正极的位置,而"-"极应该接在靠近电源负极的位置。也就是说,电流流经电流表时是从"+"极流向"-"极。

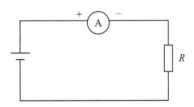

图7-1　电流表在电路中的连接

电流表可以分为需外接分流器(分流电阻)的直流电流表(见图7-2),以及无须外接分流器的直流电流表(见图7-3)。

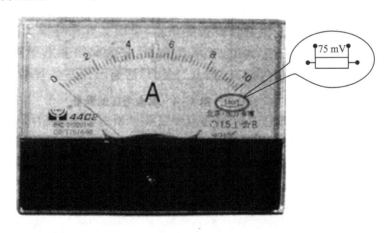

图7-2　需外接分流器的直流电流表

图 7 - 3　无须外接分流器的直流电流表

图 7 - 2 中的符号 ⊢75 mV⊣ 表示需要并联分流器,而且表的量程为 75 mV。也就是说,满量程的电流在分流器上产生的电压降为 75 mV。由此可知,图 7 - 2 所示的直流电流表实际上是由一块满量程为 75 mV 的电压表和一个分流器组成的。

外接分流器可以很容易地改变电流表的量程。通常只有大量程的电流表才需要外接分流器,而量程较小的电流表通常是将分流电阻放置在表的内部。

分流器一般只用在直流电流表中,对于交流电流表来说通常不使用分流器。对于交流电大电流的测量较多地使用钳形表。

7.1.2　电压表

电压表的作用是测量电路中某一点的电压或两点之间的电压差,其同样有交流与直流之分。对于直流电压表来说,使用时应该分清"＋""－"极性,不要接反。"＋"极接在靠近电源正极的一端;"－"极接在靠近电源负极的一端。电压表在电路中应该并联使用。图 7 - 4 和图 7 - 5分别表示某点电压的测量以及两点之间电压差的测量。

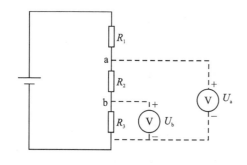

图 7 - 4　某点电压的测量

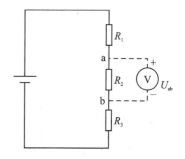

图 7 - 5　两点间电压差的测量

7.1.3　万用表

万用表,顾名思义就是一种具有多种用途的测量仪表。通常,万用表可以用来测量交、直流电压、电流,可以测量电阻、晶体管的直流放大倍数,甚至可以测量电容量、频率等。

万用表可以分为指针式和数字式两种,分别如图 7 - 6 和图 7 - 7 所示。

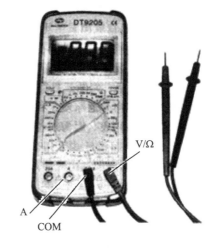

图 7 - 6　指针式万用表　　　　　图 7 - 7　数字式万用表

　　指针式万用表为模拟式,物理量的变化直接通过指针的偏转予以表示,而数字式万用表所测得的物理量必须通过仪表内部的 A/D 转换后才能通过显示屏显示。指针式万用表的结构比较简单,通过指针的偏摆可以直观地观察物理量的低频变化;数字式万用表的显示非常直观,而且通常具有更多的功能,使用非常方便。更重要的是,数字万用表的电压挡具有更高的输入阻抗,因此测量小电压时更准确。

1. 使用万用表测量电压

　　使用万用表测量电压时,首先应该注意测量的是直流电压还是交流电压,然后将万用表的挡位旋钮旋到直流电压挡或交流电压挡。表与电路的连接与使用电压表测量电压时相同,对于直流电压的测量来说,正表笔(红表笔)接在靠近电源正极的一端,负表笔(黑表笔)接在靠近电源负极的一端。选择万用表的量程时应注意使满量程值稍大于电压测量值,这样测量结果会比较准。如果不知道测量值的范围,则可以将万用表的挡位从高向低逐渐降低,直到量程合适。

　　当测量交流电压时,万用表的表笔没有"＋""－"之分,可以任意调换。挡位的选择与直流电压测量时的原则相同。

2. 使用万用表测量电流

　　使用万用表进行电流的测量与使用电流表时相同,即必须将万用表串接在电路中。

　　需要注意的是,大多数指针式万用表没有交流电流测量挡位,因此,要进行直接的交流电流测量通常只能使用数字式万用表。另外需要注意的是:通常情况下,用数字式万用表测量电流时要使用万用表的专用表笔插孔,即黑表笔依然接在"COM"孔中,而红表笔要接在"A"孔中。

　　万用表在被测电路中的接法与电流表相同,挡位的选择原则与测量电压时相同。对于大电流的测量来说需要的注意是:除了选择合适的挡位外,还要选择合适的表笔插孔。如图 7 - 7 所示的数字式万用表,当测量电流大于 200 mA 且小于 20 A 时应使用"20 A"专用表笔插孔。

3. 使用万用表测量电阻

　　使用万用表测量电阻比较简单,无论数字式万用表还是指针式万用表,只需要选择合适的电阻挡位,然后用红、黑两支表笔分别接触电阻的两条引线即可从表上读出该电阻的阻值。

当只进行电阻测量时,有两点需要注意:① 不要两只手同时接触电阻的两条引线,这样会将人体的电阻与被测电阻并联,造成测量值不准确;② 对已经安装在电路中的电阻进行测量时,会由于电路中其他元件的影响而造成测量值不准确。

4. 使用万用表测量二极管

(1) 判断二极管的正、负极

判断二极管正、负极的同时也可以判断二极管的好坏。测量二极管利用的就是二极管的单向导通原理。利用万用表对二极管进行测试时需要注意所使用的是数字式万用表还是指针式万用表,因为二者的测量方法略有不同,数字式万用表的电池正、负极分别对应着红、黑两支表笔;而指针式万用表的电池正极对应着黑表笔,电池负极对应着红表笔。图 7-8 和图 7-9 所示分别是利用两种万用表对二极管进行测试的情况,请务必注意万用表的显示情况。

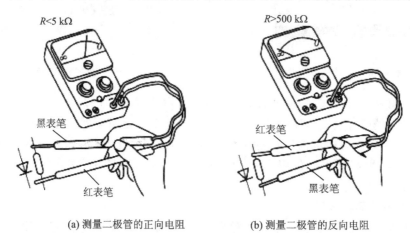

(a) 测量二极管的正向电阻   (b) 测量二极管的反向电阻

图 7-8 用指针式万用表测试二极管(电阻"×100"或"×1k"挡)

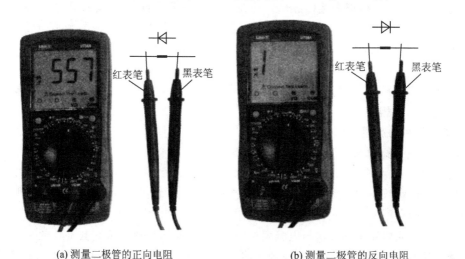

(a) 测量二极管的正向电阻   (b) 测量二极管的反向电阻

图 7-9 用数字式万用表测试二极管(二极管测试挡)

对于数字式万用表来说,测试二极管时可以利用万用表上的二极管测试挡,该挡上有二极管符号(─▷├─)。图 7-9 中所显示的数值为测量硅整流二极管时所显示的电阻值。

测试中,如果对调万用表的表笔,而测试值不变或变化很小,则表示二极管已经损坏。

（2）判断硅、锗型二极管

对于硅、锗型二极管的判断,实际上利用的是两种二极管正向压降不同的特点。

当给二极管施加一个逐渐升高的正向电压时,二极管上流过的电流也会逐渐增加;当该正向电压高到一定程度时,二极管两端的电压保持不变,而流过二极管的电流却急剧增加,则说明该电压是二极管的正向压降。

通常硅二极管的正向压降比较高（0.6～0.8 V）,而锗二极管的正向压降比较低（0.1～0.3 V）。由于二极管的正向压降不同,所以当使用万用表测量二极管时,硅、锗二极管会反映出不同的阻值,硅二极管的正向电阻比较大,而锗二极管的正向阻值比较小。

5. 使用万用表测量晶体管

（1）利用万用表判断晶体管的引脚

判断晶体管的引脚时,首先判断其基极。基极的确定方法与二极管的测量方法一样,对于 PNP 型晶体管,当红表笔（数字式万用表二极管挡,使用黑表笔）接在基极上,而黑表笔（数字式万用表的红表笔）分别接发射极和集电极时,万用表会显示低电阻;当测量 NPN 型晶体管时,若黑表笔（数字式万用表二极管挡,使用红表笔）接在基极上,而红表笔（数字式万用表的黑表笔）分别接发射极和集电极时,万用表会显示低电阻。用此方法,可以很容易找到晶体管的基极。

找到基极后,就可以查找其他两个极了。需要注意的是:在判断基极时,同时也判定了晶体管的类型（NPN、PNP）。判断发射极和集电极最简单的方法就是利用数字万用表上的 h_{FE} 测量孔。

首先,将万用表的挡位旋钮调至 h_{FE} 位置,将晶体管的基极插入相应的基极插孔中（PNP 的 b 极或 NPN 的 b 极）,其他两个引脚分别接入 E、C 插孔中,此时可以从表盘上读出该晶体管的放大倍数;保持基极位置不变,改变另外两个引脚的位置,再次读出放大倍数。比较两次的读数,读数大的一次,则表明晶体管的引脚插入了正确的插孔,即插孔的 E、B、C 对应晶体管的发射极、基极和集电极。

（2）利用万用表测量晶体管的电流放大倍数

当利用万用表测量晶体管的电流放大倍数时,实际上就是给基极施加一个小电流,而后测量晶体管的集电极电流,从而得出晶体管的电流放大倍数。

测量电流放大倍数最简单的方法就是上述在判断引脚部分中所介绍的。另外,也可以用其他的方法大致判断电流放大倍数的大小,但是这种方法通常只适合于指针式万用表的电阻挡（"×100"或"×1k"挡）。在采用这种方法时,首先要判定晶体管的类型（NPN、PNP）。判断晶体管类型的方法实际上就是采用测量二极管＋/－极的方法。首先调整好万用表的挡位（电阻,"×100"或"×1k"挡）,如果红表笔接触基极（b 极）,而黑表笔分别接触另外两个引脚,万用表都显示出低电阻（指针偏转多）,则说明这个晶体管是 PNP 型晶体管;反之,如果黑表笔接基极,而红表笔分别接触另外两个引脚,此时呈现低电阻,则说明这是一只 NPN 型晶体管。

估计电流放大倍数的方法为:黑表笔和红表笔分别接除基极以外的两个引脚,要注意的是,要用手将表笔和引脚捏在一起,然后将基极分别与表笔所接触的引脚捏在一起（注意基极与捏在一起的引脚不能接触,而是通过手的电阻使两个引脚连通）。如图 7 - 10 所示,分别为对 PNP 型晶体管和 NPN 型晶体管进行测量。注意:图 7 - 10 中万用表指针的偏转都很大,指针偏转大通常说明放大倍数大。如果对调红、黑表笔后指针仍然偏转大,则说明晶体管已损坏或者品质差;如果对调红、黑表笔前后指针的偏转都很小,则通常也说明晶体管已损坏或性能差。

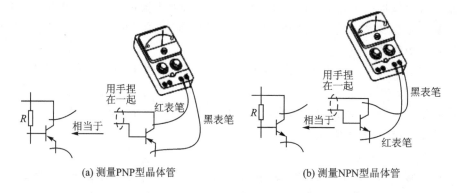

(a) 测量PNP型晶体管   (b) 测量NPN型晶体管

图 7 – 10   用指针式万用表判断晶体管的电流放大倍数

7.2 机电设备电气控制电路分析基础

7.2.1 机电设备常见的电气故障类型与特点

1. 自然故障

机床在运行过程中,其电气设备常常要承受许多不利因素的影响,诸如电器动作过程中的机械振动,过电流的热效应加速电器元件的绝缘老化变质,电弧的烧损,长期动作的自然磨损,周围环境温度和湿度的影响,有害介质的侵蚀,电器元件自身的质量问题,自然寿命等原因。以上种种原因都会使机床电器元件难免出现一些这样或那样的故障而影响机床的正常运行,而加强日常维护保养和检修可使机床在较长时间内不出或少出故障。切不可误认为反正机床电气设备的故障客观存在,在所难免,就忽视日常维护保养和定期检修工作。

2. 人为故障

机床在运行过程中,由于受到不应有的机械外力的破坏,或操作不当、安装不合理而造成的故障,也会造成机床事故,甚至危及人身安全。这些故障大致可分为两大类:

① 故障有明显的外表特征并容易被发现。例如,电动机、电器的显著发热、冒烟、散发出焦臭味或火花等。这类故障是由于电动机、电器的绕组过载、绝缘击穿、短路或接地所引起的。在排除这类故障时,除了更换或修复之外,还必须找出和排除造成上述故障的原因。

② 故障没有外表特征。经常会因为在电气线路中由于电器元件调整不当、机械动作失灵、触头及压接线头接触不良或脱落、某个小零件的损坏、导线断裂等原因而造成故障。线路越复杂,出现这类故障的机会就越多。这类故障虽小但经常碰到,由于没有外表特征,所以难以找到故障发生点,有时还需要借助仪表和工具;而一旦找出故障点,往往只需要简单地调整或修理就能立即恢复机床的正常运行。所以,能够迅速查出故障点是检修这类故障时缩短时间的关键。

7.2.2　机电设备电气控制线路的一般分析方法

电气控制系统是生产机械设备的重要组成部分,通过对各种技术资料的分析,可以掌握电气控制电路的工作原理、技术指标、使用方法和维护要求等。分析电气控制电路的具体内容和要求主要包括以下几个方面:

1. 设备说明书

设备说明书由机械(包括液压部分)与电气两部分组成。在分析时首先要阅读这两部分说明书,了解以下内容:

① 设备的结构组成及工作原理,设备传动系统的类型及驱动方式,主要技术性能、规格和运动要求。

② 电气传动方式,电动机与执行器的数目、规格型号、安装位置、用途及控制要求。

③ 设备的使用方法,各操作手柄、开关、旋钮、指示装置的布置以及在控制电路中的作用。

④ 与机械、液压部分直接关联电器(行程开关、电磁阀、电磁离合器、传感器等)的位置、工作状态,以及与机械、液压部分的关系、在控制中的作用等。

2. 电气原理图

电气原理图是控制线路分析的中心内容,其由主电路、控制电路、辅助电路、保护和联锁环节以及特殊控制电路等部分组成。

在分析电气原理图时,必须与阅读其他技术资料结合起来。例如,各种电动机及执行电器元件的控制方式、位置及作用,各种与机械有关的位置开关、主令电器的状态等,这些只有通过阅读说明书才能了解。

3. 电气原理图阅读分析的方法与步骤

在掌握了机械设备及电气控制系统的构成、运动方式、相互关系以及掌握了各电动机和执行电器元件的用途和控制等基本条件之后,即可对设备控制电路进行具体的分析。分析电气原理图的一般原则是:化整为零、顺藤摸瓜、先主后辅、集零为整、安全保护和全面检查。

通常,分析电气控制系统时,要结合有关技术资料将控制电路"化整为零",即以某一电动机或电器元件(如接触器或继电器线圈)为对象,从电源开始,自上而下,自左而右,逐一分析其接通及断开的关系(逻辑条件),并区分出主令信号、联锁条件和保护要求等。根据图区坐标标注的检索可以方便地分析出各种控制条件与输出的因果关系。

在4.1节中,已经通过实例详细介绍了电气原理图具体分析的方法与步骤,在此不再重复。

7.3　电路故障的检查分析

7.3.1　直观法

所谓直观法,就是不利用仪器仪表,而是利用人们的看、听、嗅、摸这样的直观感觉发现问题。比如,是否有冒烟、打火、焦糊味以及异响等。通过这样的观察,可以较为方便地在众多控制设备中找到故障设备。

在很多情况下,通过观察可以发现故障点,主要是观察电器元件有无烧焦、爆裂、温度过高等现象。可能出现爆裂的器件是电解电容,当电解电容的性能变差时,其绝缘性能不好,从而会造成漏电,漏电会使电容的温度升高,从而造成爆裂。

容易出现烧焦的器件是电阻。如果电路的电流过大就会增加电阻的发热量,如果发热功率超过了电阻本身的散热能力就会出现电阻烧焦的情况。在设计无误的情况下,当出现电阻烧焦的情况时,应仔细查找是何原因造成了电流过大。

温度过高通常出现在电阻、二极管、晶体管等器件上,出现的原因通常是电流超过了额定值。多数情况下,这种现象并不表示发热器件本身有问题,往往是由于其他器件的损坏或者电压升高造成了电路电流的增加,从而使这些器件发热。

在以上这些问题都没有的情况下,判断是否有不寻常的气味等。

注意:在观察到底是哪个器件发生过热时,需要特别注意的是不要发生烫伤事故。另外,由于在感觉温度时有时需要用手触摸元器件,因此必须在切断电源后进行(将设备从主电源上断开),以确保不会发生触电事故。

如图 7-11 所示,PLC 的输出连接到光耦的输入端,光耦中发光二极管通过限流电阻连接到外接电源的负极,而 PLC 输出点的"COM"端连接到外接电源的正极。当 PLC 的 Q1.0 输出有效时,触头闭合,光耦中的发光二极管工作,光耦的输出晶体管工作,继电器吸合。在这样一个电路中,如下情况可以导致电阻严重发热:+24 V 电压变高或光耦损坏(发光二极管击穿,变为直通)。

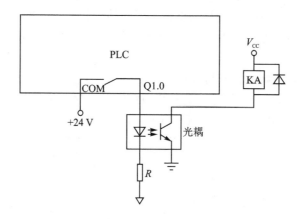

图 7-11 电阻发热的情况

通常使用直观法进行电路故障检查的步骤如下:

1. 调查情况

向机电设备操作者和故障在场人员询问故障情况,包括故障外部表现,大致部位,发生故障时的环境情况(例如,有无异常气体、明火等,热源是否靠近电器,有无腐蚀性气体侵蚀,有无漏水等),是否有人修理过,修理的内容等。

2. 初步检查

根据调查的情况,看有关电器外部有无损坏,连线有无断路、松动,绝缘有无烧焦,螺旋熔断器的熔断指示器是否跳出,电器有无进水、油垢,开关位置是否正确等。

3. 试 车

通过初步检查,确认不会使故障进一步扩大和造成人身、设备事故后,可进行试车检查。

试车中要注意有无严重跳火、冒火、异常气味、异常声音等现象,一经发现应立即停车,切断电源。注意,检查电动机的温升及电器的动作程序是否符合电气原理图的要求,从而发现故障部位。

在检查时要注意如下事项:

(1) 用观察火花的方法检查故障

电器的触头在闭合、断开电路或导线线头松动时会产生火花,因此可以根据火花的有无、大小等现象来检查电器故障。例如,正常固紧的导线与螺钉间不应有火花产生,当发现该处有火花时,则说明线头松动或接触不良。电器的触头在闭合、断开电路时跳火,说明电路是通路,不跳火说明电路不通。当观察到控制电动机的接触器的主触头两相有火花,一相无火花时,无火花的触头接触不良或这一相电路断路;三相中有两相的火花比正常大,则可能是电动机过载或机械部分卡住。按一下启动按钮,如果按钮动合触头在闭合位置,断开时有轻微的火花,则说明电路是通路,故障是接触器本身机械部分卡住等;如果触头间无火花,则说明电路是断路。

(2) 从电器的动作程序来检查故障

机电设备的工作程序应符合电气说明书和图纸的要求。如果某一电路上的电器动作过早、过晚或不动作,则说明该电路或电器有故障。另外,还可以根据电器发出的声音、温度、压力、气味等分析判断故障。另外,运用直观法,不但可以确定简单的故障,还可以把较复杂的故障缩小到较小的范围。

4. 注意事项

① 当电器元件已经损坏时,应进一步查明故障原因后再更换,否则会造成元件的连续烧坏。

② 试车时,手不能离开电源开关,以便随时切断电源。

③ 直观法的缺点是准确性差,所以不经进一步检查不要盲目拆卸导线和元件,以免延误时机。

7.3.2　测量电压法

所谓测量电压法,就是测量各点的电压值与电流值并与正常值比较。其具体可分为分阶测量法、分段测量法和点测法。

1. 分阶测量法

电压的分阶测量法如图 7-12 所示。

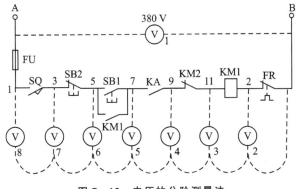

图 7-12　电压的分阶测量法

当电路中的行程开关 SQ 和中间继电器的动合触头 KA 闭合时,按启动按钮 SB1,接触器 KM1 不吸合,说明电路有故障。检查时把万用表扳到电压 500 V 挡位上,首先测量 A、B 两点间电压,正常值为 380 V;然后按住启动按钮 SB1 不放,同时将黑表笔接到 B 点上,红表笔按标号依次向前移动,分别测量标号 2、11、9、7、5、3、1 各点的电压。电路正常的情况下,B 与 2 两点间无电压,B 与 11、9、7、5、3、1 各点间电压均为 380 V。如果 B 与 11 之间无电压,则说明是电路故障,可将红表笔前移。当移至某点时电压正常,说明该点前开关触头是完好的,此点以后的开关触头或接线断路。一般是此后第一个触头(即刚刚跨过的触头)或连线断路。例如,测量到 9 时电压正常,说明接触器 KM2 的动断触头或 9 所连导线接触不良或断路。究竟故障在触头上还是连线断路,可将红表笔接在 KM2 动断触头的接线柱上,如果电压正常则故障在 KM2 触头上;如果没有电压,则说明连线断路。根据电压值来检查故障的具体方法如表 7 - 1 所列。

表 7 - 1　分阶测量法所测电压值及故障原因

故障现象	测试状态	B 与 2 两点间电压/V	B 与 11 两点间电压/V	B 与 9 两点间电压/V	B 与 7 两点间电压/V	B 与 5 两点间电压/V	B 与 3 两点间电压/V	B 与 1 两点间电压/V	故障原因
按下 SB1 时 KM1 不吸合	按下 SB1	380	380	380	380	380	380	380	FR 接触不良
		0	380	380	380	380	380	380	KM1 本身有故障
		0	0	380	380	380	380	380	KM2 接触不良
		0	0	0	380	380	380	380	KA 接触不良
		0	0	0	0	380	380	380	SB1 接触不良
		0	0	0	0	0	380	380	SB2 接触不良
		0	0	0	0	0	0	380	SQ 接触不良

在运用分阶测量法时,可以向前测量(即由 B 点向标号 1 测量),也可以向后测量(即由标号 1 向 B 点测量)。用后一种方法测量时,当标号 1 与某点(标号 2 与 B 点除外)间电压等于电源电压时,说明刚刚测过的触头或导线断路。

在维修实践中,根据故障的情况也可以不必逐点测量,而多跨几个标号测试点。如 B 与 11、B 与 3 等。

2. 分段测量法

触头闭合时各电器之间的导线在通电时其电压降接近于零;而用电器、各类电阻、线圈通电时,其电压降等于或接近于外加电压。根据这一特点,采用分段测量法检查电路故障更为方便。电压的分段测量法如图 7 - 13 所示。按下按钮 SB1 时,如果接触器 KM1 不吸合,则按住按钮 SB1 不放,先测 A、B 两点间的电源电压,电压为 380 V,而接触器不吸合,说明电路有断路之处,可将红、黑表笔逐段或者重点测试相邻两点标号间的电压。如果电路正常,除 11 与 2 两标号间的电压等于电源电压 380 V 外,其他相邻两点间的电压都应为零。如果测量某相邻两点电压为 380 V,则说明该两点间所包含的触头或连接导线接触不良或断路。例如,标号 3 与 5 两点间电压为 380 V,说明停止按钮接触不良。当测电路电压无异常,而标号 11 与 2 间的电压正好等于电源电压,接触器 KM1 仍不吸合时,说明线圈断路或机械部分卡住。

对于开关及电器相互间距离较大、分布面较广的机电设备,由于万用表的表笔连线长度有限,用分段测量法检查故障比较方便。

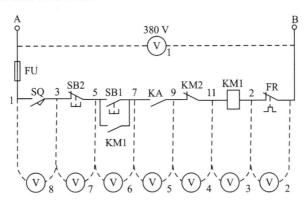

图 7 - 13　电压的分段测量法

3. 点测法

机电设备的辅助电路为电压为 220 V 且零线接地的电路,可采用点测法来检测电路故障,如图 7 - 14 所示。把万用表的黑表笔接地,红表笔逐点测 2、11、9 等点,根据测量的电压情况来检查电气故障。这种测量某标号与接地电压的方法称为点测法(或对地电压法)。点测法所测电压值及故障的原因如表 7 - 2 所列。

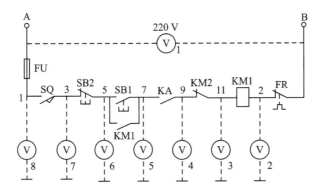

图 7 - 14　电压的点测法

4. 注意事项

① 用分阶测量法时,标号 11 以前各点与 B 点间电压应为 380 V,如果低于该电压(相差20％以上,不包括仪表误差)则可视为电路故障。

② 分段或分阶测量到接触器线圈两端 11 与 2 时,电压等于电源电压,可判断为电路正常;如果接触器 KM1 不吸合,则说明接触器本身有故障。

③ 电压的 3 种检查方法可以灵活运用,测量步骤也不必过于死板,除点测法在 220 V 电路中应用外,其他两种方法是通用的,也可以在检查一条电路时用两种方法。在运用以上 3 种方法时,必须按住启动按钮不放才能测量。

表 7-2　点测法所测电压值及故障原因

故障现象	测试状态	2点电压/V	11点电压/V	9点电压/V	7点电压/V	5点电压/V	3点电压/V	1点电压/V	故障原因
按下 SB1 时 KM1 不吸合	按下 SB1	220	220	220	220	220	220	220	FR 接触不良
		0	220	220	220	220	220	220	KM1 本身有故障
		0	0	220	220	220	220	220	KM2 接触不良
		0	0	0	220	220	220	220	KA 接触不良
		0	0	0	0	220	220	220	SB1 接触不良
		0	0	0	0	0	220	220	SB2 接触不良
		0	0	0	0	0	0	220	SQ 接触不良
		0	0	0	0	0	0	0	FU 熔断

7.3.3　测量电阻法

需要强调的是,在使用测量电阻法查找故障点时,应断开电路的电源;如果电路中有容量较大的电容,还应先将电容放电,或者断电后等一段时间,使电容自然放电后再进行操作。测量电阻法是通过测量电路中不同点的电阻值来判断故障的位置的,因此在使用这种方法时需要用到万用表的电阻挡。通常使用"×10"或"×100"挡即可,当需要测量的电路电阻值很小时(比如测量通断),可以使用"×1"挡。

1. 检查方法和步骤

(1) 电阻的分阶测量法

电阻的分阶测量法如图 7-15 所示。当确定电路中的行程开关 SQ、中间继电器触头 KA 闭合时按启动按钮 SB1,接触器 KM1 不吸合,说明该电路有故障。检查时先将电源断开,把万用表扳到电阻挡位上,测量 A、B 两点间的电阻(注意,测量时要一直按下按钮 SB1)。如果电阻为无穷大,则说明电路断路。为了进一步检查故障点,将 A 点上的表笔移至标号 2 上,如果电阻为零,则说明热继电器触头接触良好;再测量 B 与 11 两点间的电阻,若接近接触器线圈的电阻值,则说明热继电器触头接触良好;然后将两表笔移至 9 与 11 两点,若电阻为零,可将

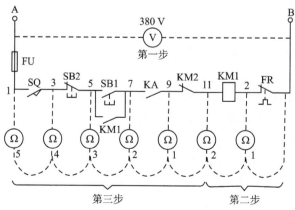

图 7-15　电阻的分阶测量法

标号 9 上的表笔前移,逐步测量 7 与 11、5 与 11、3 与 11、1 与 11 间的电阻值,若测量到某标号时电阻突然增大,则说明表笔刚刚跨过的触头或导线断路。电阻的分阶测量法既可从 11 向 1 的方向移动表笔,也可从 1 向 11 的方向移动表笔。

(2) 电阻的分段测量法

电阻的分段测量法如图 7 - 16 所示。先切断电源,按下启动按钮 SB1,两表笔逐段或重点测试相邻两标号(除 2 与 1 两点外)间的电阻。如果两点间的电阻很大,则说明该触头接触不良或导线断路。例如,当测得 1 与 3 两点间的电阻很大时,说明行程开关触头接触不良。这两种方法适用于开关、电器在机电设备上分布距离较大的场合。

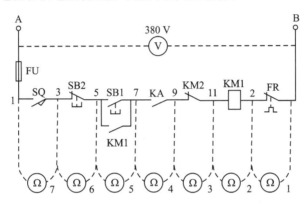

图 7 - 16　电阻的分段测量法

2. 注意事项

测量电阻法的优点是安全;缺点是测量电阻值不准确时容易造成判断错误,为此应注意以下几点:

① 用电阻测量法检查故障时一定要断开电源。

② 如果所测量的电路与其他电路并联,则必须将该电路与其他电路断开,否则电阻不准确。

③ 当测量高电阻电器时,万用表要扳到适当的挡位。在测量连接导线或触头时,万用表要扳到"×1"挡位上,以防仪表误差造成误判。

7.3.4　强迫闭合法

在排除机电设备电气故障时,经过直观法检查后没有找到故障点,而下手也没有适当的仪表进行测量,此时可用一绝缘棒将有关继电器、接触器、电磁铁等用外力强行按下,使其动合触头或衔铁闭合;然后观察机电设备电气部分或机械部分出现的各种现象,如电动机从不转到转动,机电设备相应的部分从不动到正常运行等,利用这些外部现象的变化来判断故障点的方法称为强迫闭合法。

1. 检查方法和步骤

(1) 检查一条回路的故障

异步电动机单向控制电路如图 7 - 17 所示,若按下启动按钮 SB2,接触器 KM 不吸合,则可用一细绝缘棒或绝缘良好的螺丝刀(注意,手不能碰金属部分),从接触器灭弧罩的中间孔(小型接触器用两绝缘棒对准两侧的触头支架)快速按下,然后迅速松开,可能有如下情况出现：

① 电动机启动时接触器不再释放，说明启动按钮 SB2 接触不良。

② 强迫闭合时电动机不转，但有"嗡嗡"声，松开时看到 3 个触头都有火花，且亮度均匀。其原因是电动机过载或辅助电路中的热继电器 FR 动断触头跳开。

③ 强迫闭合时电动机运转正常，松开后电动机停转，同时接触器也随之跳开，其原因一般是辅助电路中的熔断器 FU2 熔断或停止、启动按钮接触不良。

④ 强迫闭合时电动机不转，有"嗡嗡"声，松开时接触器的主触头只有两触头有火花，这说明电动机主电路一相断路，接触器一主触头接触不良。

（2）检查多支路自动控制电路的故障

异步电动机多支路自动控制电路如图 7-18 所示。这是定子绕组串联电阻的减压启动电路，在电动机启动时，定子绕组上串联电阻 R，限制了启动电流。在电动机转速上升到一定数值时，时间继电器 KT 动作，它的动合触头闭合，接通 KM2 电路，KM2 主触头闭合，启动电阻 R 自动短接，电动机在额定电压下正常运行。

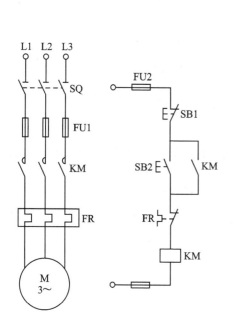

图 7-17　异步电动机单向控制电路

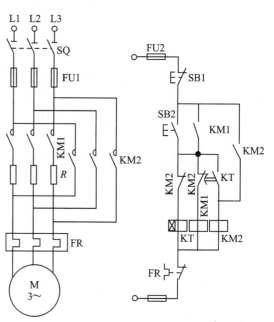

图 7-18　异步电动机多支路自动控制电路

若按下启动按钮 SB2，接触器 KM1 不吸合，可将 KM1 强迫闭合，松开后看 KM1 是否保持在吸合位置，电动机在强迫闭合瞬间是否转动。如果 KM1 随绝缘棒松开而释放，但电动机转动了，则其故障在停止按钮 SB1、热继电器 FR 触头或 KM1 本身；如果电动机不转，则故障原因是熔断器熔断、电源无电压等；如果 KM1 不再释放，电动机正常运转，则故障在启动按钮 SB2 和 KM1 的自锁触头。

当按下启动按钮 SB2 时，KM1 吸合，时间继电器 KT 不吸合，可将其强行吸合，待 KT 延时后，看 KM2 是否吸合。如果吸合且电动机正常运行（电阻 R 被短路），则故障在时间继电器线圈电路或它的机械部分；如果时间继电器吸合但 KM2 不吸合，则可用小一字旋具按压 KT 上的微动开关触杆，注意听是否有开关动作声音，如果有声音且电动机正常运行，则说明微动开关位置装配不正确。

2. 注意事项

用强迫闭合法检查电路故障时,如果运用得当,则比较简单易行;但是,如果运用不好,则容易出现人身和设备事故,所以应注意以下几点:

① 运用强迫闭合法时,应对机电设备电路控制程序比较熟悉,对要强迫闭合的电器与机电设备机械部分的传动关系比较明确。

② 用强迫闭合法前,必须对整个故障的电气设备各元器件进行仔细的外部检查,如果发现以下情况,则不得用强迫闭合法检查。

- 在具有联锁保护的正反转控制电路中,两个接触器中有一个未释放,不得强迫闭合另一个接触器;
- 在 Y-△启动控制电路中,当 Y 形运行控制接触器没有释放时,不能强迫闭合其他接触器;
- 当机电设备的运动机械部件已达到极限位置,但弄不清反向控制关系时,不要随便采用强迫闭合法;
- 当强迫闭合某电器可能造成机械部分(如机床夹紧装置等)严重损坏时,不得随便采用;
- 当用强迫闭合法时,所用工具必须有良好的绝缘性能,否则会出现比较严重的触电事故。

7.3.5　短接法

电路或电器的故障大致归纳为短路、过载、断路、接地、接线错误、电器的电磁及机械部分故障 6 类。诸类故障中出现较多的为断路故障,它包括导线断路、虚连、松动、触头接触不良、虚焊、假焊、熔断器熔断等。对这类故障除用测量电阻法、测量电压法检查外,还有一种更为简单可靠的方法,就是短接法。短接法是用一根良好绝缘的导线,将所怀疑的断路部位短接起来,如果短接到某处,电路工作恢复正常,则说明该处断路。

1. 检查方法和步骤

(1) 局部短接法

局部短接法如图 7-19 所示。当确定电路中的行程开关 SQ 和中间继电器动合触头 KA 闭合时,按下启动按钮 SB1,接触器 KM1 不吸合,说明该电路有故障。检查时,可首先测量 A、

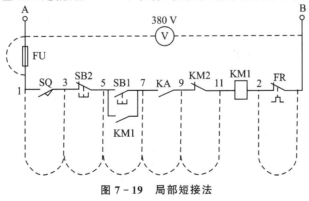

图 7-19　局部短接法

B 两点间电压,若电压正常,可将按钮 SB1 按住不放,分别短接 1 与 3、3 与 5、5 与 7、7 与 9、9 与 11、B 与 2。当短接到某点时,接触器吸合,说明故障就在这两点之间。具体短接部位及故障原因如表 7-3 所列。

表 7-3　短接部位及故障原因

故障原因	短接标号	接触器 KM1 的动作情况	故障原因
按下启动按钮 SB1 接触器 KM1 不吸合	B 与 2	KM1 吸合	FR 接触不良
	11 与 9	KM1 吸合	KM2 动断触头接触不良
	9 与 7	KM1 吸合	KA 动合触头接触不良
	7 与 5	KM1 吸合	SB1 触头接触不良
	5 与 3	KM1 吸合	SB2 触头接触不良
	3 与 1	KM1 吸合	SQ 触头接触不良
	1 与 A	KM1 吸合	熔断器 FU 接触不良或熔断

（2）长短接法

长短接法如图 7-20 所示,是指通过依次短接两个或多个触头或线段来检查故障的方法。这样做既节约时间,又可弥补局部短接法的某些缺陷。例如,两触头 SQ 和 KA 同时接触不良或导线断路(见图 7-19),局部短接法检查电路故障的结果可能出现错误的判断,而用长短接法一次可将 1 与 11 短接,如果短接后接触器 KM1 吸合,则说明 1 与 11 这段电路上一定有断路的地方,然后再用局部短接的方法来检查,就不会出现错误判断的现象。

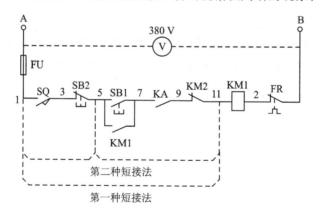

图 7-20　长短接法

长短接法的另一个作用是把故障点缩小到一个较小的范围内。总之,应用短接法时可将局部短接法与长短接法相结合,加快排除故障的速度。

2. 注意事项

① 应用短接法就是用手拿着绝缘导线带电操作,所以一定要注意安全,避免发生触电事故。

② 应确认所检查的电路电压正常时才能进行检查。

③ 短接法只适于压降极小的导线、电流不大的触头之类的断路故障。对于压降较大的电阻、线圈、绕组等断路故障,不得用短接法,否则会出现短路故障。

④ 对于机电设备的某些要害部位,要慎重行事,必须在保障电气设备或机械部位不出现事故的情况下才能使用短接法。

⑤ 在怀疑熔断器熔断或接触器的主触头断路时,先要估计一下电流,一般在 5 A 以下时才能使用,否则容易产生较大的火花。

7.3.6　其他检查方法

1. 检查方法和步骤

（1）对比法

在检查电气设备故障时,总要进行各种方法的测量和检查,把已得到的数据与图纸资料及平时记录的正常参数相比较来判断故障。对无资料又无平时记录的电器,可与同型号的完好电器相比较来分析检查故障,这种检查方法称为对比法。

对比法在检查故障时经常使用,如比较继电器、接触器的线圈电阻、弹簧压力、动作时间、工作时发出的声音等。

当电路中的电器元件属于相同控制性质或多个元件共同控制同一设备时,可以利用其他相似的或同一电源下的元件动作情况来判断故障。例如图 7-21 所示的异步电动机正反转控制电路,若正转接触器 KM1 不吸合,则可操纵反转,看接触器 KM2 是否吸合,如果吸合,则证明 KM1 电路本身有故障;若反转接触器吸合,电动机不能运转,则可操作电动机正转,若电动机运转正常,则说明 KM2 主触头或连线有一相接触不良或断路。

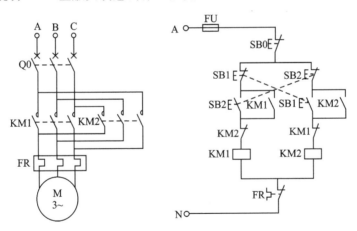

图 7-21　异步电动机正反转控制电路

（2）置换元件法

当某些电器的故障原因不易确定或检查时间过长时,为了保证机电设备的利用率,可置换同一型号性能良好的元器件进行试验,以证实故障是否由此电器引起。

运用置换元件法检查时应注意,当把原电器拆下后,要认真检查其是否已经损坏,只有肯定是由于该电器本身因素造成损坏时才能换上新电器,以免新换元件再次损坏。

（3）逐步开路法

当遇到难以检查的短路或接地故障时,可重新更换熔断器的熔体,把多支路并联电路一路一路逐步或重点地从电路中断开,然后通电试验。若熔断器不再熔断,则故障就在刚刚断开的这条支路上。然后再将这条支路分成几段,逐段地接入电路。当接入某段电路时熔断器又熔断,证明故障就在这段电路及其电器元件上,这种方法简单,但容易把损坏不严重的电器元件彻底烧毁。为了不发生这种现象,可采用逐步接入法。

(4) 逐步接入法

当电路出现短路或接地故障时,换上新熔断器逐步或重点地将各支路一条一条地接入电源,重新试验,当接到某段时熔断器又熔断,故障就在这条电路及其所包括的电器元件上,这种方法称为逐步接入法。

2. 注意事项

逐步开路法或逐步接入法是检查故障时较少用的一种方法,它有可能使有故障的电器损坏得更甚,而且拆卸的线头特别多,很费力,因此只在遇到较难排除的故障时才用这种方法。在用逐步接入法排除故障时,因大多数并联支路已经拆除,为了保护电器,可用较小容量的熔断器接入电路进行试验。对于某些不易购买且尚能修复的电器元件出现故障时,可用电阻表或兆欧表进行接入或开路检查。

复习思考题

7-1 电压表与电流表在使用上有什么区别?

7-2 使用万用表测量电阻值时,如何才能使测量值准确?

7-3 如何判断晶体管的好坏?

7-4 电气设备故障诊断与维修的一般要求有哪些?

7-5 简述机电设备电气故障检修的一般方法。

7-6 用直观法检查故障时应注意哪些问题?

7-7 用测量电压法检查故障时应注意哪些问题?

7-8 用测量电阻法检查故障时应注意哪些问题?

7-9 用强迫闭合法检查故障时应注意哪些问题?

7-10 用短接法检查故障时应注意哪些问题?

7-11 出于安全的考虑,在进行电路故障排查时应该注意什么问题?

附录 A　低压电器产品型号的编制方法

1. 适用范围

我国的低压电器产品型号适用于下列 12 大类产品：刀开关和转换开关、熔断器、断路器、控制器、接触器、启动器、控制继电器、主令电器、电阻器、变阻器、调整器、电磁铁。

2. 产品型号的组成形式与含义

产品型号的组成形式与含义如图 A-1 所示，低压电器产品型号类组代号如表 A-1 所列，低压电器产品型号通用派生代号如表 A-2 所列，特殊环境条件派生代号如表 A-3 所列。

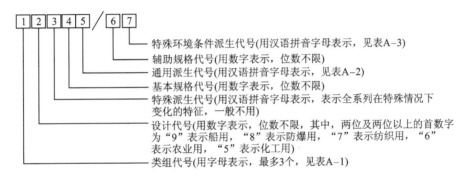

图 A-1　产品型号的组成形式与含义

表 A-1　低压电器产品型号类组代号

代号	名称	A	B	C	D	G	H	J	K	L	M	P	Q	R	S	T	U	W	X	Y	Z
H	刀开关和转换开关	—	—	—	刀开关	封闭式负荷开关		—	开启式负荷开关	—	—	—	—	熔断式刀开关	刀型转换开关	—	—	—	—	其他	组合开关

续表 A-1

代号	名称	A	B	C	D	G	H	J	K	L	M	P	Q	R	S	T	U	W	X	Y	Z
R	熔断器	—	—	插入	—	—	低流排式	—	—	螺旋式	密封管式	—	—	—	快速	有填料管式	—	—	限流	其他	—
D	短路器	—	—	—	—	—	—	—	—	照明	灭磁	—	—	—	快速	—	—	框架式	限流	其他	塑料外壳式
K	控制器	—	—	—	—	鼓形	—	—	—	—	—	平面	—	—	—	凸轮	—	—	—	其他	—
C	接触器	—	—	—	—	高压	—	交流	—	—	—	中频	—	—	时间	—	—	—	—	其他	直流
Q	启动器	—	按钮式	磁力	—	—	—	减压	—	—	—	手动	—	—	—	—	油浸	—	星三角	其他	综合
J	控制继电器	—	—	—	—	—	—	—	—	电流	—	—	—	热	时间	通用	—	温度	—	其他	中间
L	主令电器	—	按钮	—	—	—	—	—	主令控制器	—	—	—	—	—	主令开关	足踏开关	旋钮	万能转换开关	行程开关	其他	—
Z	电阻器	—	—	板形元件	冲片元件	管形元件	—	—	—	—	—	—	—	—	烧结元件	铸铁元件	—	—	电阻器	其他	—

续表 A−1

代号	名称	A	B	C	D	G	H	J	K	L	M	P	Q	R	S	T	U	W	X	Y	Z
B	变阻器	—	—	旋臂式	—					励磁		频敏	启动		石墨	启动调速	油浸启动	液体启动	滑线式	其他	—
T	调整器	—	—	—	电压																
M	电磁铁	—	—	电	—	—	—	—	—	—	—	牵引	—	—	—	—	起重	—	—	制动
A	其他	其他	保护	插销	灯		接线盒	—	—	铃	—	—	—	—	—	—	—	—	—	—

表 A−2 低压电器产品型号通用派生代号

派生字母	意　义
A,B,C,D···	结构设计稍有改变或变化
J	交流,防溅式
Z	直流,自动复位,防震,重任务
W	无灭弧装置
N	可逆,逆向
S	有锁住机构,手动复位,防水式,三相,3 个电源,双线圈
P	电磁复位,防滴式,单相,两个电源,电压的,电动机操作
K	开启式
H	保护式,带缓冲装置
M	密封式,灭磁,母线式
Q	防尘式,手车式,柜式
L	电流的,漏电保护,单独安装式
F	高返回,带分励脱扣,纵缝灭弧结构式,防护盖式

表 A−3 特殊环境条件派生代号

派生字母	说　明	备　注
T	按湿热带临时措施	
TH	湿热带型	
TA	干热带型	
G	高原	此项派生代号加注在产品全型号后
H	船用	
Y	化工防腐用	

附录 B 电气图常用图形及文字符号

电气图常用图形及文字符号一览表如表 B-1 所列。

表 B-1 电气图常用图形及文字符号一览表

名称		新标准		旧标准		名称		新标准		旧标准	
		图形符号	文字符号	图形符号	文字符号			图形符号	文字符号	图形符号	文字符号
一般三级电源开关			QS		K	接触器	线圈				
							主触头		KM		C
低压断路器			QF				常开辅助触头				
							常闭辅助触头				
位置开关	常开触头				UZ XK	速度继电器	常开触头		KS		SDJ
	常闭触头		SQ				常闭触头				
	复合触头										
熔断器			FU			时间继电器	线圈				
按钮	启动				RD QA		常开延时闭合触头		KT		SJ
	停止		SB		TA		常闭延时断开触头				
	复合				AN		常闭延时闭合触头				

名　称		新标准 图形符号	新标准 文字符号	旧标准 图形符号	旧标准 文字符号	名　称	新标准 图形符号	新标准 文字符号	旧标准 图形符号	旧标准 文字符号
热继电器	热元件		FR		SJ	桥式整流装置		VC		ZL
	常闭触头				RJ	照明灯		EL		ZD
						信号灯		HL		XD
继电器	中间继电器线圈		KA		ZJ	电阻器		R		R
	欠电压继电器线圈		KV		QYJ	接插器		X		CZ
	过电流继电器线圈		KI		KLJ	电磁铁		YA		DT
	常开触头		相应继电器符号		相应继电器符号	电磁吸盘		YH		DX
	常闭触头					串励直流电动机		M		ZD
	欠电流继电器线圈		KI	与新标准相同	QIJ	并励直流电动机				
万能转换开关			SA	与新标准相同	HK	他励直流电动机				
制动电磁铁			YB		DT	复励直流发电机				
电磁离合器			YC		CH	直流发电机		G		ZF
电位器			RF	与新标准相同	W	三相鼠笼式异步电动机		M		D

参考文献

[1] 吴拓,于立辉.机电控制技术[M].北京:机械工业出版社,2011.

[2] 陈瑞阳,张子义.机电控制技术[M].北京:高等教育出版社,2010.

[3] 廖兆荣,杨旭丽.数控机床电气控制[M].2版.北京:高等教育出版社,2008.

[4] 许廖,王淑英.电气控制与 PLC 应用[M].4版.北京:机械工业出版社,2009.

[5] 李益民,张龙.机电设备控制技术[M].成都:西南交通大学出版社,2007.

[6] 冯清秀,邓星钟.机电传动控制[M].5版.武汉:华中科技大学出版社,2011.

[7] 许廖.工厂电气控制设备[M].2版.北京:机械工业出版社,2001.

[8] 许廖.电机与电气控制技术[M].北京:机械工业出版社,2002.

[9] 闫和平.常用低压电器应用手册[M].北京:机械工业出版社,2006.

[10] 张运波.工厂电气控制技术[M].北京:高等教育出版社,2001.

[11] 武可庚.机电设备控制技术[M].北京:高等教育出版社,2002.

[12] 张涛.机电控制系统[M].北京:高等教育出版社,1998.